1 Notiere zu jedem Bild zwei Plus-Aufgaben.

a) 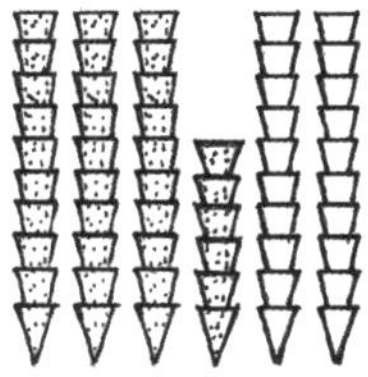

36 + ______

20 + ______

b) 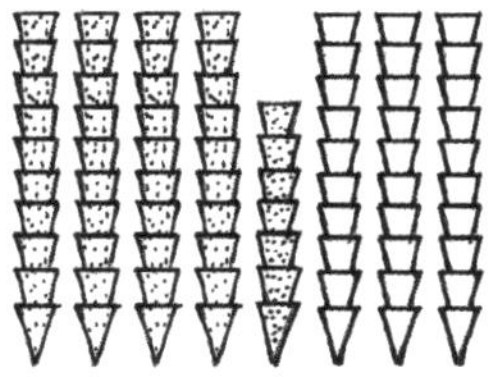

______

______

c) 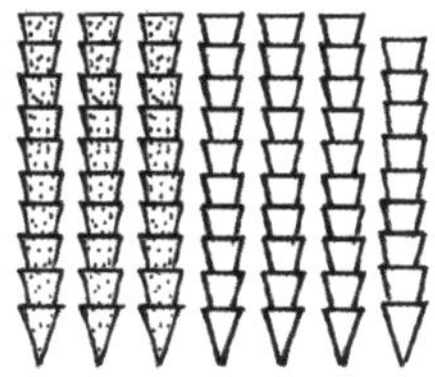

______

______

d) 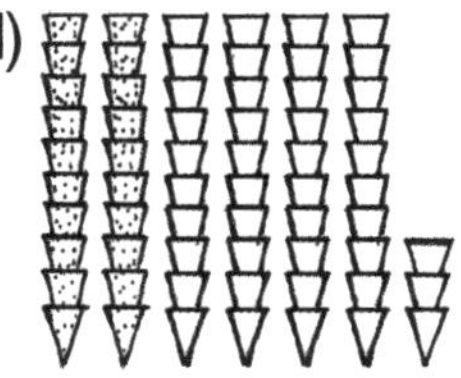

______

______

2 Notiere zu jedem Bild eine Minus-Aufgabe.

a) 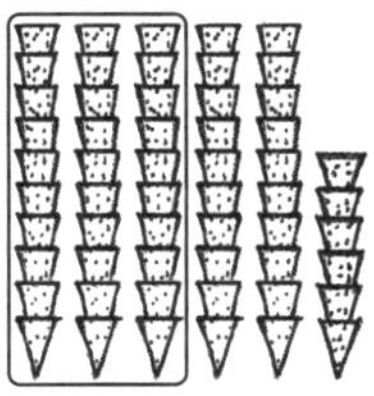

56 – 30 = ______

b) 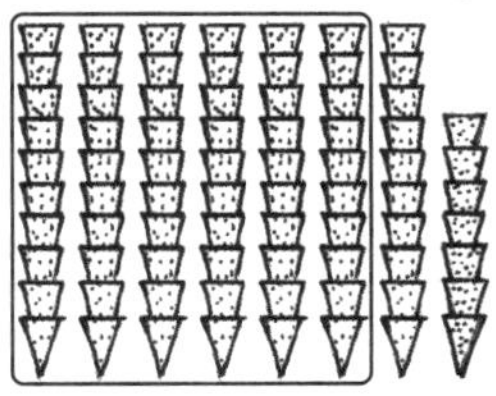

______

c) 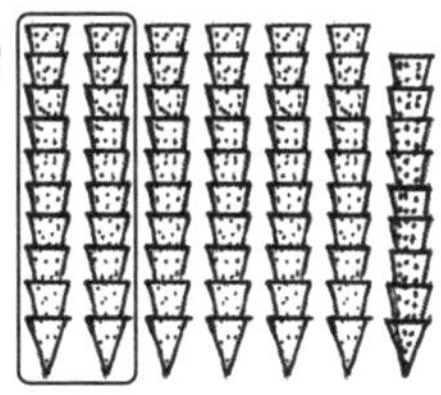

______

d) 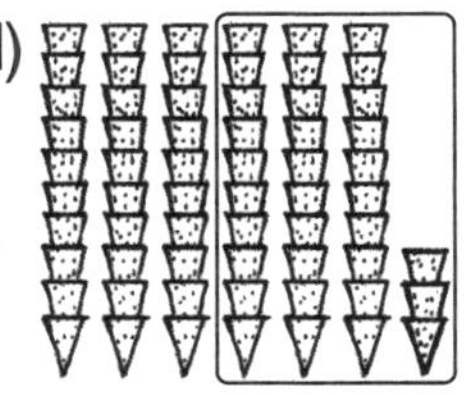

______

3 a) 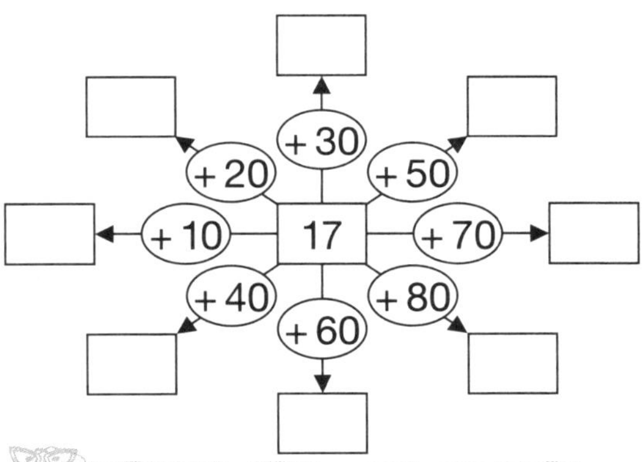

27 30 33 37 39 47 50 56 57 62 65 67 70 77 87 97

b) 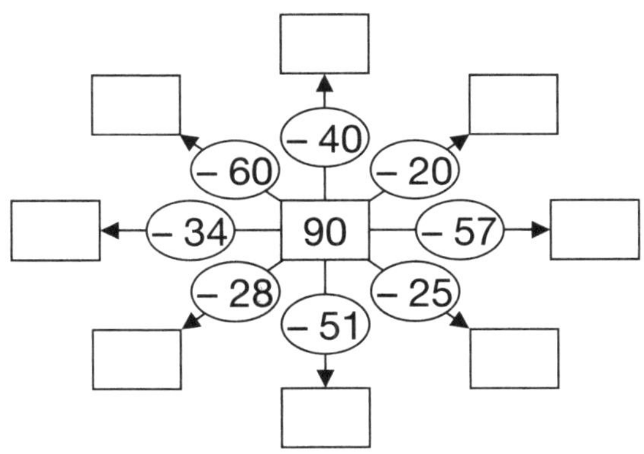

4

a)	b)	c)	d)
45 + 30 =	83 – 40 =	70 + 16 =	50 – 23 =
36 + 60 =	68 – 20 =	20 + 58 =	70 – 18 =
29 + 40 =	99 – 50 =	50 + 49 =	80 – 41 =
67 + 20 =	74 – 30 =	60 + 27 =	60 – 33 =

27 27 39 43 44 48 49 52 69 75 78 86 87 87 96 99

5 a) 

b) 

1 Schreibe zu jedem Bild eine Plus- und eine Minus-Aufgabe.

a) b) c) d) e)

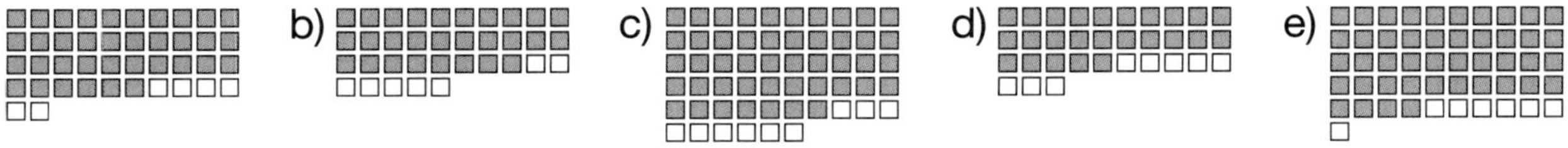

a) 36 + ______
42 − ______

b) ______
______

c) ______
______

d) ______
______

e) ______
______

2 Schreibe zu jedem Pfeil eine Aufgabe.

a)

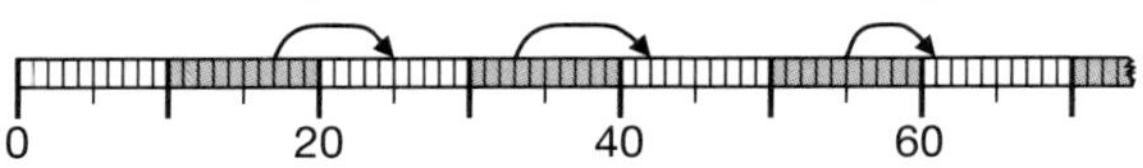

b)

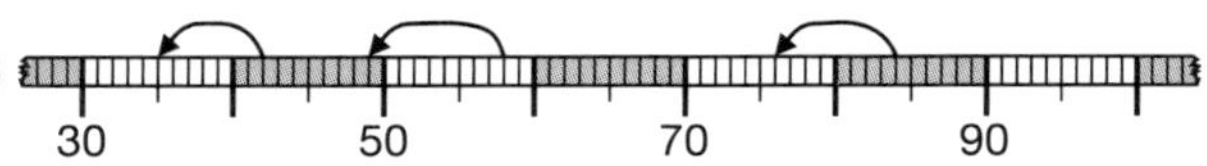

a) ______ ______ ______

b) ______ ______ ______

3 a)

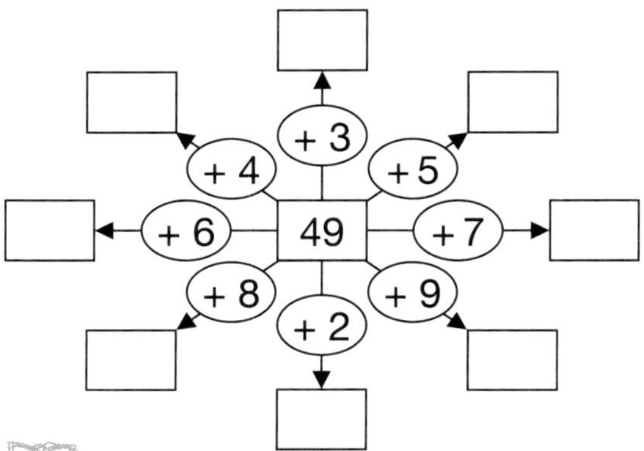

b)

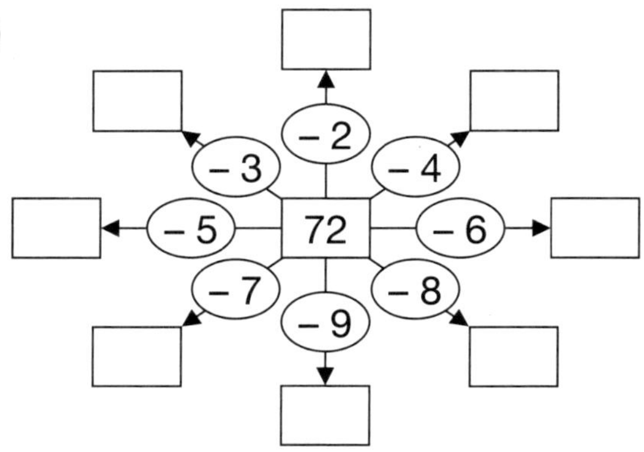

51 52 53 54 55 56 57 58 63 64 65 66 67 68 69 70

4

a)	b)	c)	d)
45 + 7 =	80 − 4 =	72 − 4 =	56 − 9 =
36 + 8 =	60 − 9 =	65 − 9 =	73 − 8 =
29 + 3 =	90 − 5 =	92 − 5 =	54 − 5 =
67 + 5 =	70 − 6 =	55 − 7 =	45 − 9 =

32 36 44 47 48 49 51 52 56 64 65 68 72 76 85 87

5 a)

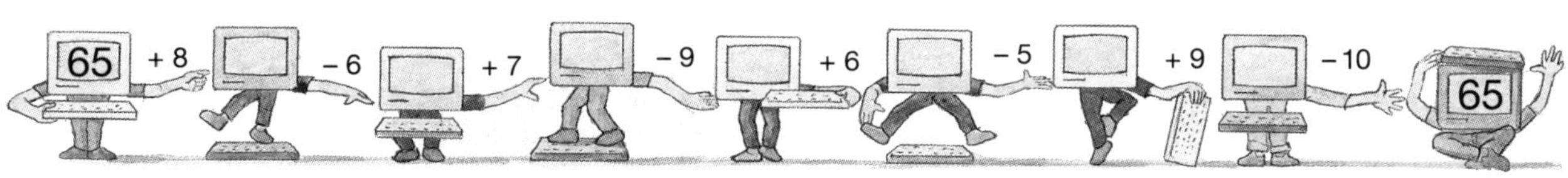

b)

c)

1 Notiere zu jedem Bild zwei Plus- und zwei Minus-Aufgaben.

a) 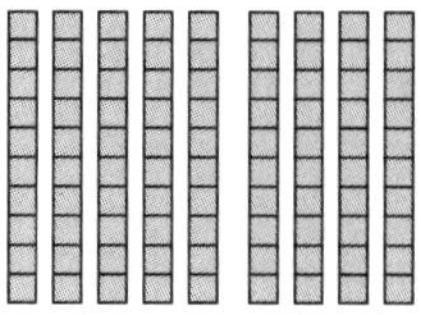

50 + 40 = ______
90 − 40 = ______
40 + ______
90 − ______

b) 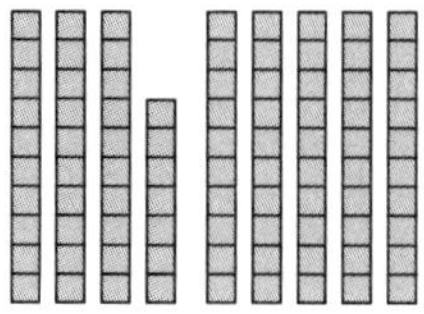

c) 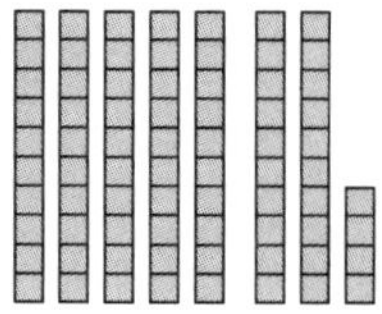

d) 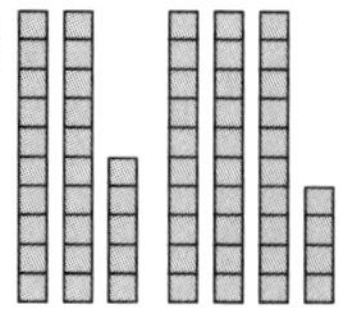

e) 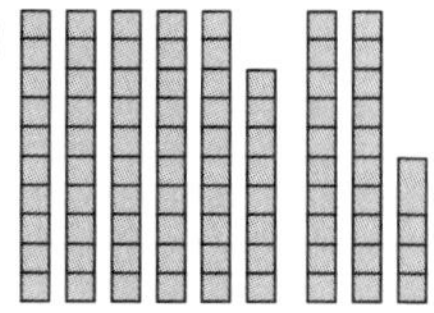

2

a) 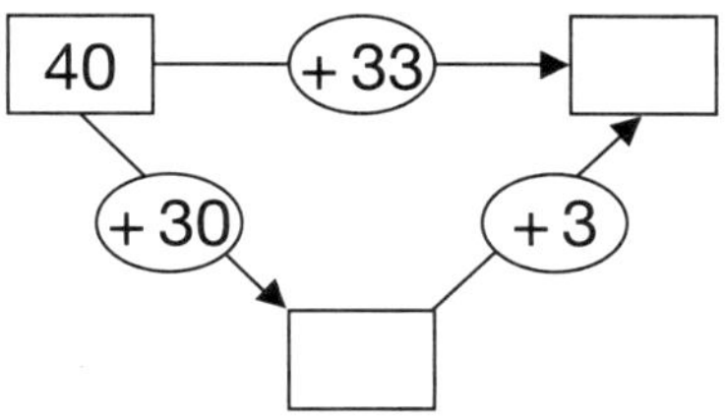

b) 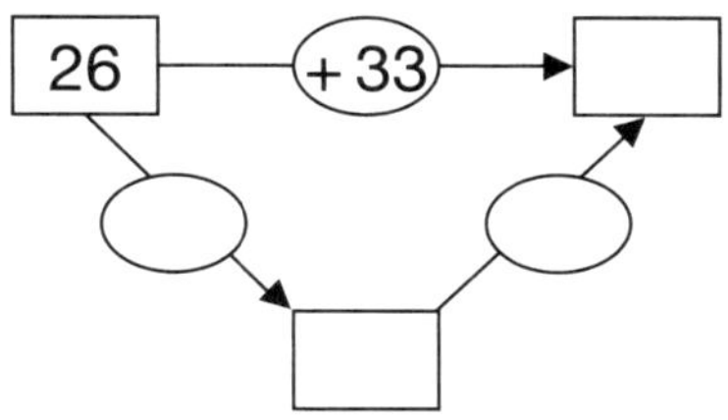

c) 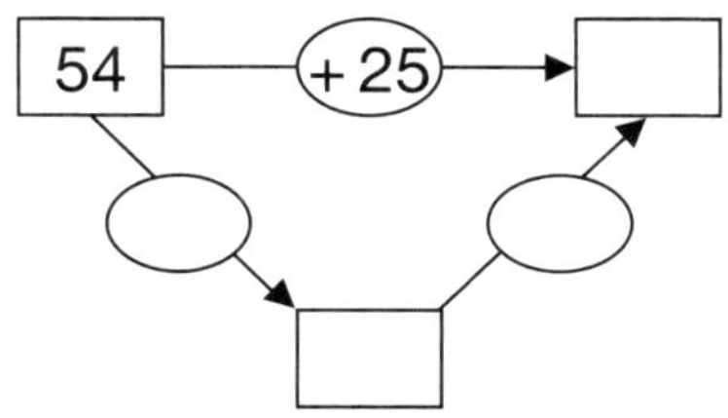

d) 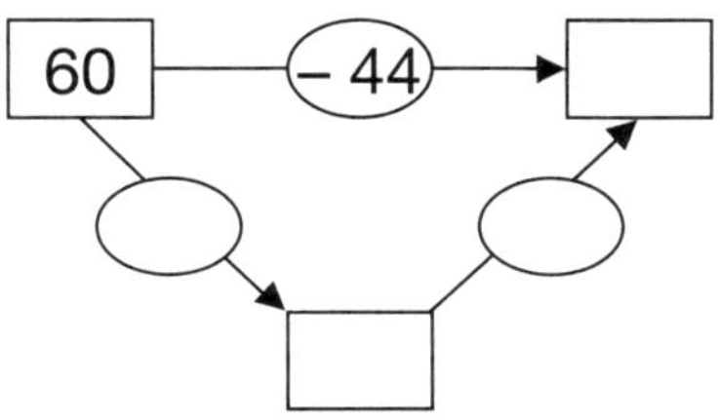

e) 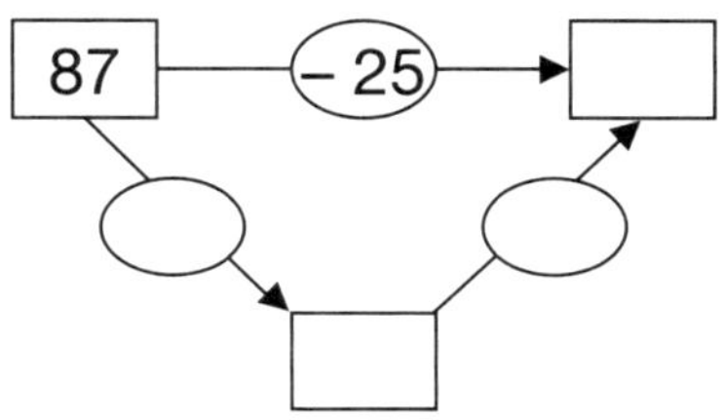

f) 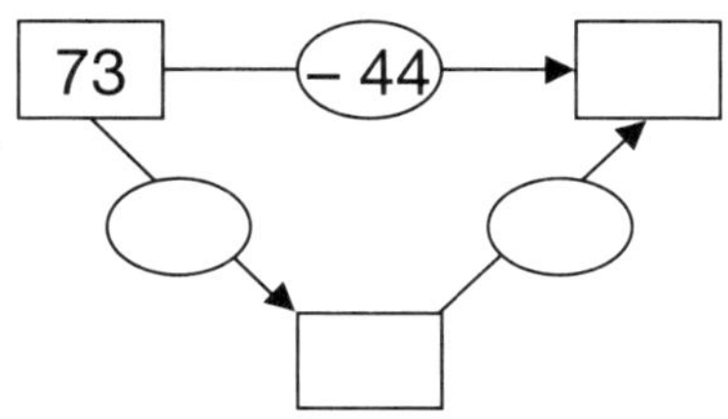

3 Schreibe deinen Rechenweg.

a) 51 − 24 =

b) 65 − 37 =

c) 93 − 66 =

4 a) 51 − 24 =

b) 65 − 37 =

c) 93 − 66 =

5

a)	b)	c)	d)
40 + 30 =	60 + 20 =	50 − 20 =	80 − 40 =
46 + 30 =	67 + 20 =	50 − 26 =	80 − 43 =
40 + 37 =	60 + 29 =	51 − 20 =	84 − 50 =
46 + 35 =	68 + 26 =	51 − 26 =	84 − 58 =

24 25 26 30 31 34 37 40 70 76 77 80 81 87 89 94

zu Seite 11

1 Setze die Häuserreihe fort.

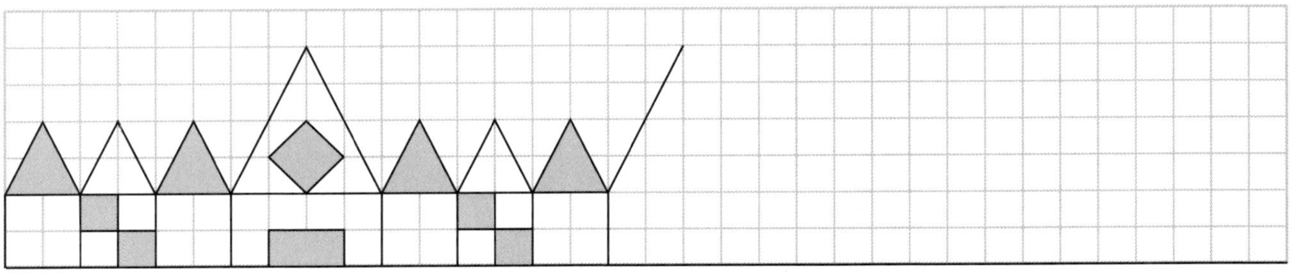

Zeichne weiter.

2 a)

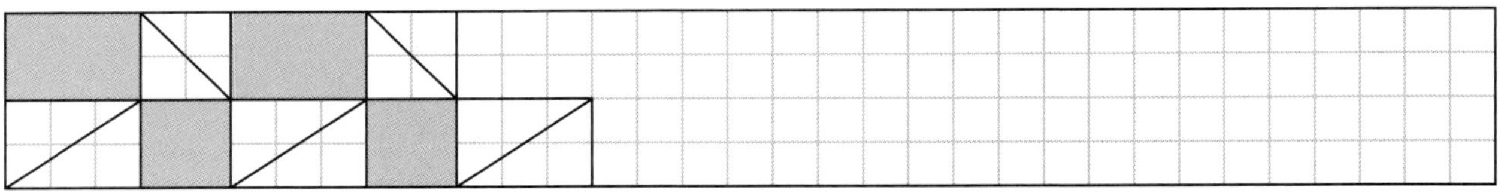

b)

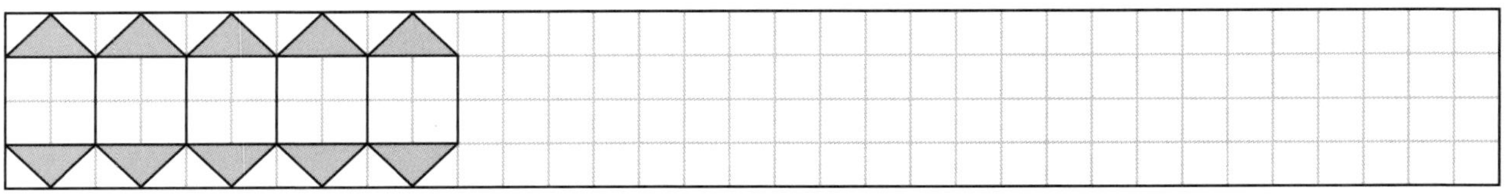

3 Male die Muster jeweils mit zwei Farben aus.

a)

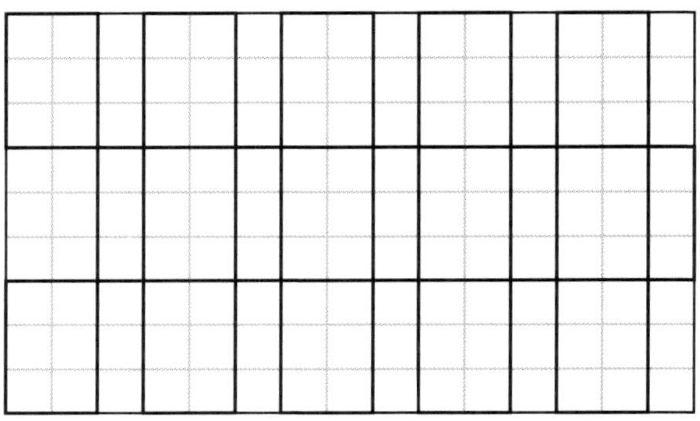

b)

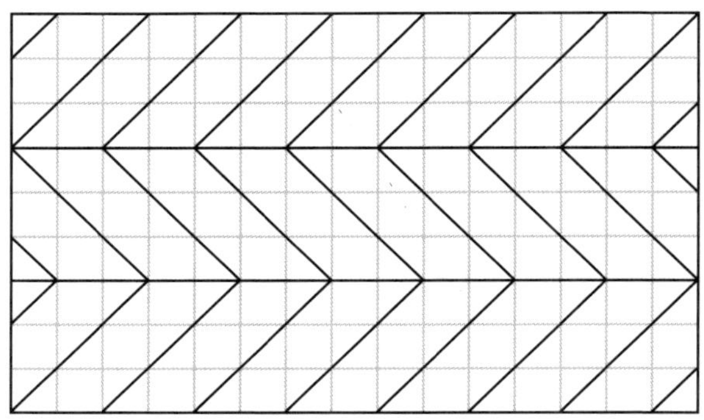

4 Setze die Muster fort. Male an.

a)

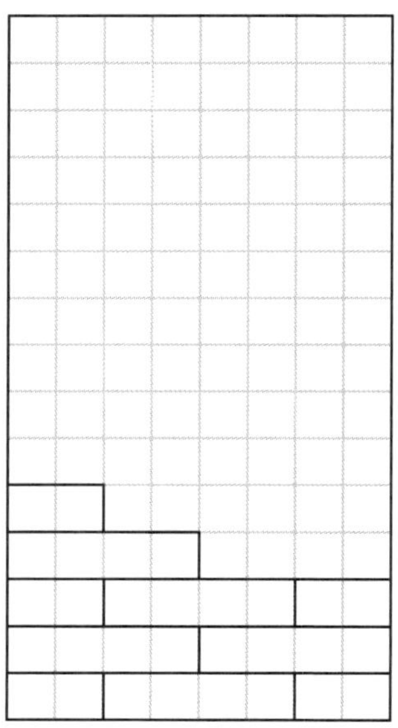

b)

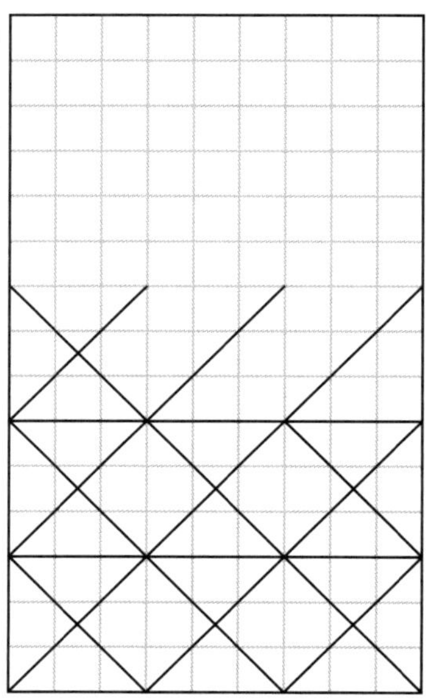

c)

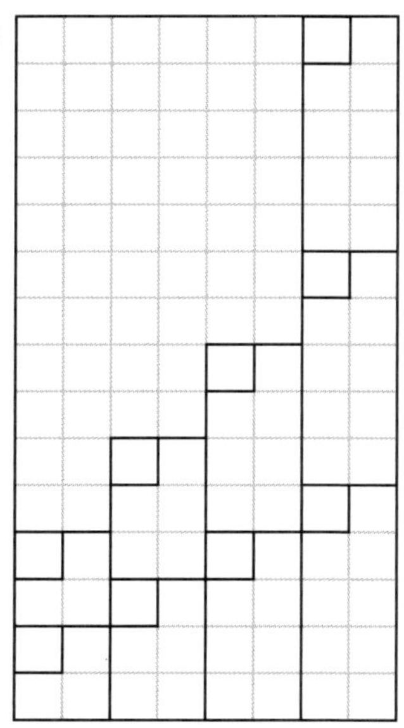

Kernaufgaben zum Einmaleins wiederholen

1 Wie viele einzelne Gegenstände sind es?

	1 Packung	2 Packungen	10 Packungen	5 Packungen
	1 · 3 =	2 · 3 =	10 · 3 =	5 · 3 =
	1 · 7 =	2 · 7 =	10 ·	
	1 ·	2 ·		

2

a) 1 · 6 = → 2 · 6 =
↓
10 · 6 = → 5 · 6 =

b) 1 · 8 = → 2 · 8 =
↓ ↓
10 · 8 = → 5 · 8 =

c) 1 · 7 = → ___
↓
___ → ___

d) 1 · 4 = → ___
↓
___ → ___

3 Die merke ich mir!

Quadrataufgaben

6	·	6	=	
	·	3	=	9
4	·	4	=	
	·		=	4
5	·		=	25
10	·	10	=	
	·	8	=	
7	·	7	=	
	·		=	81

4 Fasse zusammen.

a) 4 · 4 + 2 · 4 = ___ · 4
16

b) 5 · 5 + 2 · 5 = ___ · 5

c) 10 · 8 − 2 · 8 = ___ · 8

d) 5 · 3 + 2 · 3 = ___ · 3

e) 5 · 7 − 2 · 7 = ___ · 7

f) 5 · 8 + 2 · 8 = ___ · 8

5 Wie heißen die fehlenden Kernaufgaben?

a) (3 · 3) + ( ) = 6 · 3

b) ( ) + (2 · 8) = 7 · 8

c) (2 · 9) + ( ) = 4 · 9

d) (10 · 6) − ( ) = 8 · 6

e) ( ) − ( ) = 8 · 7

f) ( ) − ( ) = 8 · 3

g) ( ) − ( ) = 8 · 8

h) ( ) + (2 · 4) = 6 · 4

i) (5 · 6) − ( ) = 3 · 6

1

a) 6 · 7 = | 7 · 7 = | 8 · 7 =

b) 4 · | 5 · 8 =

c) 8 · 8 =

d) 5 · 9 =

e) 3 · 3 =

f) 10 · 9 =

2 Überprüfe. Streiche das falsche Ergebnis und berichtige.

a) 10 · 9 = 90	✓	b) 10 · 7 = 70		c) 5 · 7 = 35		d) 5 · 8 = 40	
9 · 9 = ~~89~~	81	9 · 7 = 63		6 · 7 = 41		6 · 8 = 41	
e) 6 · 6 = 36		f) 4 · 4 = 14		g) 10 · 8 = 80		h) 2 · 7 = 14	
7 · 6 = 42		5 · 4 = 20		9 · 8 = 72		3 · 7 = 15	

5 falsche Ergebnisse

3 Rechne Aufgabe und Tauschaufgabe.

a) 6 | 2 · 3 | 3 ·

b) 2 · 8

c) 5 · 9

d) 5 · 6

e) 5 · 4

f) 8 · 5

g) 9 · 2

h) 3 · 5

i) 7 · 2

j) 4 · 2

4 Welche Aufgabe hilft dir?

a) 10 · 4 | 9 · 4 =

b) 5 · 8 | 6 · 8 =

c) 7 · 5 =

d) 9 · 6 =

e) 4 · 8 =

f) 9 · 3 =

g) 7 · 8 =

h) 9 · 2 =

i) 6 · 7 =

j) 9 · 7 =

5

a) 2 · 5 =	b) 2 · 8 =	c) 2 · 9 =	d) 2 · 2 =
4 · 5 =	4 · 8 =	4 · 9 =	4 · 2 =

zu den Seiten 18 und 19

1 a)

5 · 7 =
 · =
7 · 7 =
 · =
9 · 7 =
10 · 7 =

b)

6 · 5 =
6 · 6 =
 · =
 · =
6 · 9 =
6 · 10 =

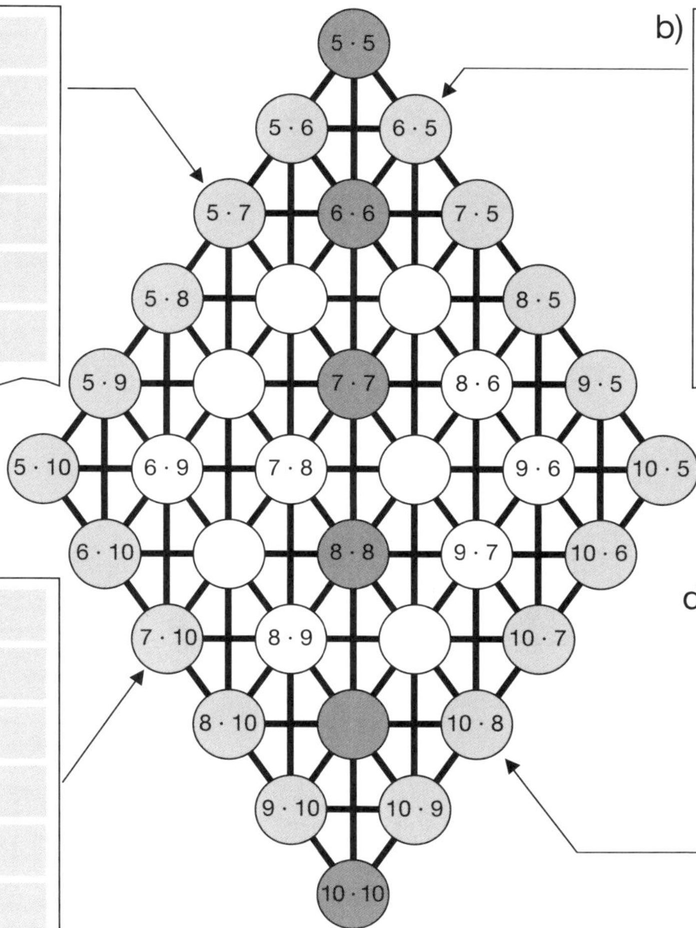

c)

7 · 10 =
 · =
7 · 8 =
7 · 7 =
 · =
7 · 5 =

d)

10 · 8 =
 · =
8 · 8 =
7 · 8 =
 · =
5 · 8 =

2 Ergänze die Aufgaben und die Ergebniszahlen.

a)

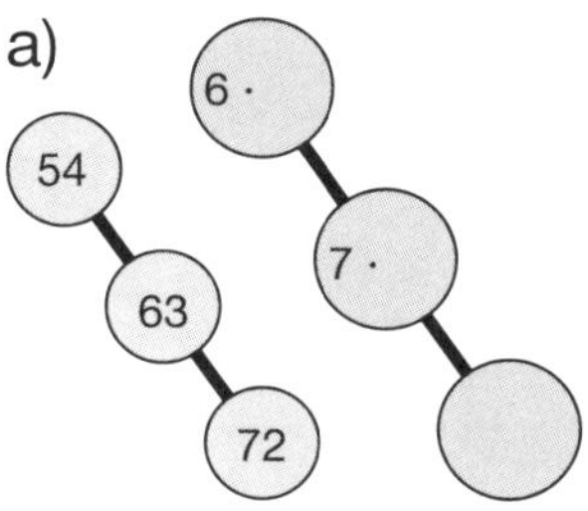

b)

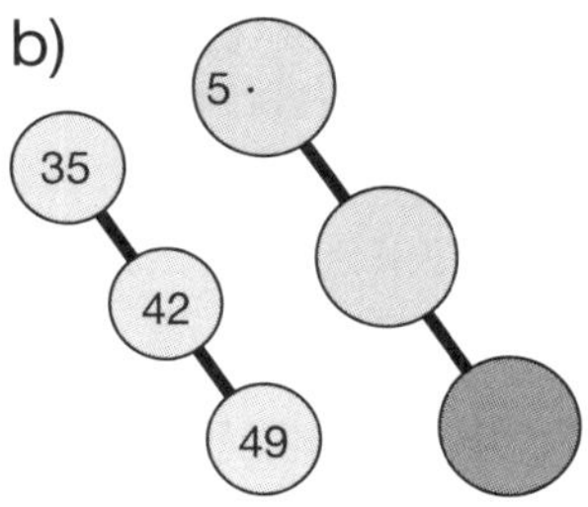

c)

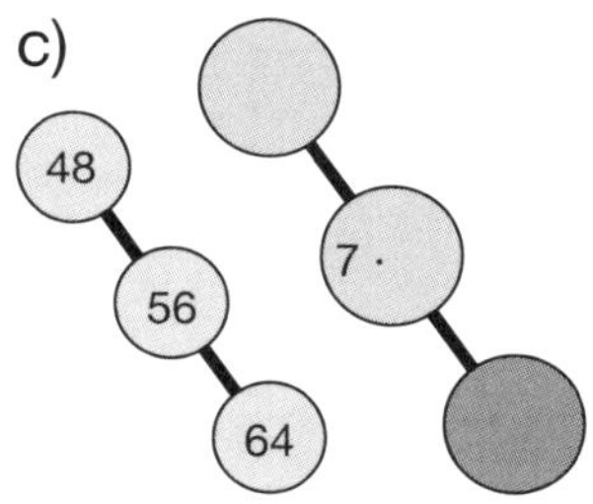

d)

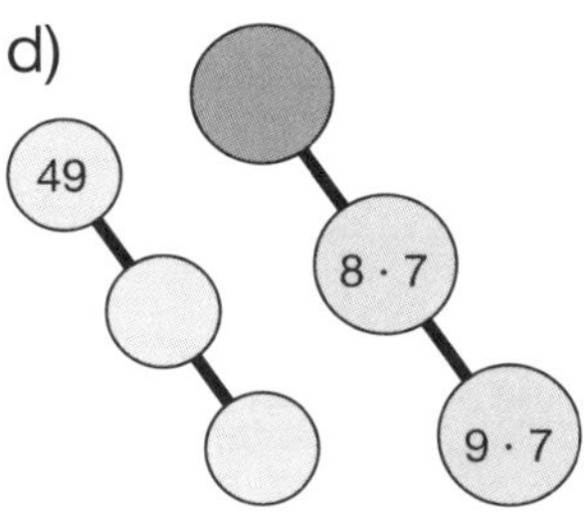

e)

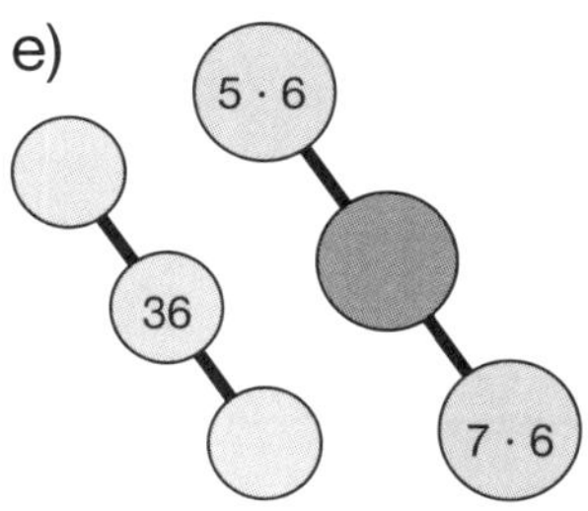

f)

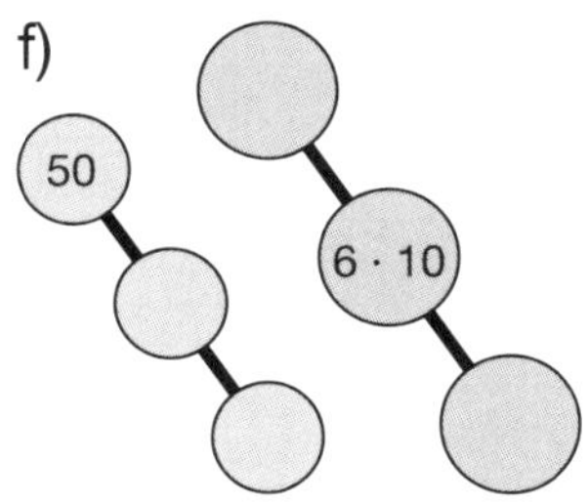

3 Eine Ergebniszahl gehört nicht zur gleichen Reihe. Streiche durch.

a) 5, 25, 10, 20, 12

b) 90, 72, 54, 64, 81

c) 80, 54, 72, 48, 64

d) 42, 30, 36, 49, 24

zu den Seiten 20 und 21

1 Male gleiche Werte mit der gleichen Farbe aus.

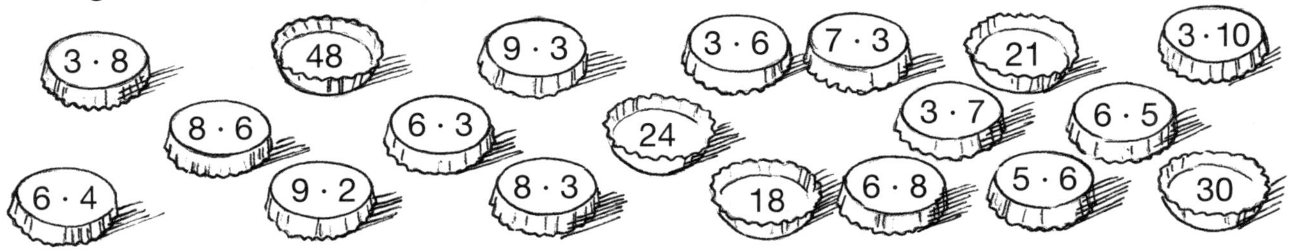

2

a) 8 · 4 =
8 · 2 =
8 · 8 =

b) 9 · 8 =
9 · 4 =
9 · 2 =

c) 7 · 4 =
7 · 8 =
7 · 2 =

d) 8 · 6 =
8 · 3 =
8 · 9 =

e) 6 · 4 =
6 · 2 =
6 · 8 =

f) 7 · 3 =
7 · 6 =
7 · 9 =

g) 4 · 6 =
4 · 3 =
4 · 9 =

h) 9 · 9 =
9 · 6 =
9 · 3 =

3 Kreise ein: a) die Dreierzahlen grün, die Sechserzahlen rot

1	2	3	4	5	6	7	8	9	10
11	12	13	14	15	16	17	18	19	20
21	22	23	24	25	26	27	28	29	30
31	32	33	34	35	36	37	38	39	40
41	42	43	44	45	46	47	48	49	50
51	52	53	54	55	56	57	58	59	60
61	62	63	64	65	66	67	68	69	70
71	72	73	74	75	76	77	78	79	80
81	82	83	84	85	86	87	88	89	90
91	92	93	94	95	96	97	98	99	100

b) die Siebenerzahlen blau, die Neunerzahlen orange

1	2	3	4	5	6	7	8	9	10
11	12	13	14	15	16	17	18	19	20
21	22	23	24	25	26	27	28	29	30
31	32	33	34	35	36	37	38	39	40
41	42	43	44	45	46	47	48	49	50
51	52	53	54	55	56	57	58	59	60
61	62	63	64	65	66	67	68	69	70
71	72	73	74	75	76	77	78	79	80
81	82	83	84	85	86	87	88	89	90
91	92	93	94	95	96	97	98	99	100

4

36	40	45	48	54	56	64	72	80
T	S	D	U	N	I	R	E	G

9 · 4 =	T
8 · 9 =	
9 · 6 =	
6 · 9 =	
7 · 8 =	
8 · 5 =	

6 · 6 =	
8 · 6 =	
8 · 8 =	
6 · 9 =	
9 · 8 =	
9 · 6 =	

9 · 7 + 1 =	
7 · 10 + 2 =	
6 · 9 + 2 =	
4 · 7 + 8 =	
7 · 9 + 9 =	
6 · 8 + 6 =	

4 · 10 + 8 · 3 =	
4 · 8 + 2 · 8 =	
4 · 5 + 5 · 5 =	
3 · 10 + 6 · 7 =	
5 · 10 + 2 · 7 =	
6 · 5 + 3 · 8 =	

1 Wie viele Edelsteine kann Zwerg Ignaz verpacken?

a)

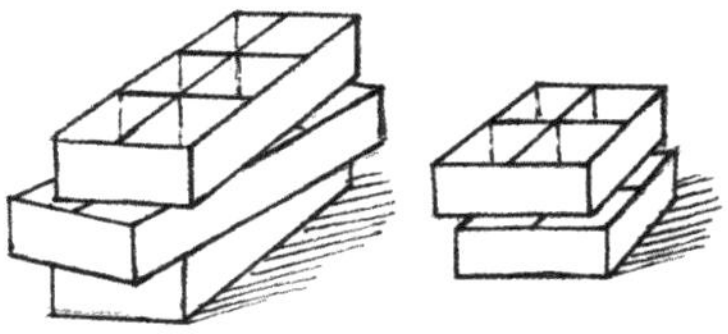

___ Edelsteine

b)

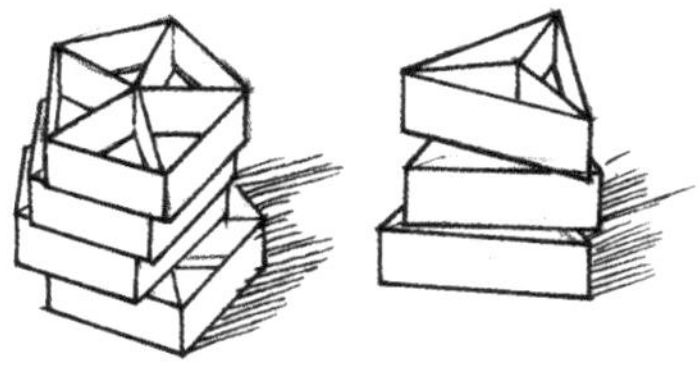

___ Edelsteine

c)

___ Edelsteine

d) 5 Viererschachteln
2 Sechserschachteln
___ Edelsteine

e) 5 Achterschachteln
2 Sechserschachteln
___ Edelsteine

f) 8 Zweierschachteln
5 Dreierschachteln
___ Edelsteine

2 Zwerg Alexander rechnet nach, wie lange jeder Zwerg gearbeitet hat.

a) Wie viele Tage?

Wochen	Tage
2	14
4	
1	
3	
5	
10	
7	
8	

b) Wie viele Wochen?

Tage	Wochen
14	2
35	
7	
28	
70	
42	
63	
49	

3 Zwerg Adalbert verpackt Stifte. Wie viele sind es jedes Mal?

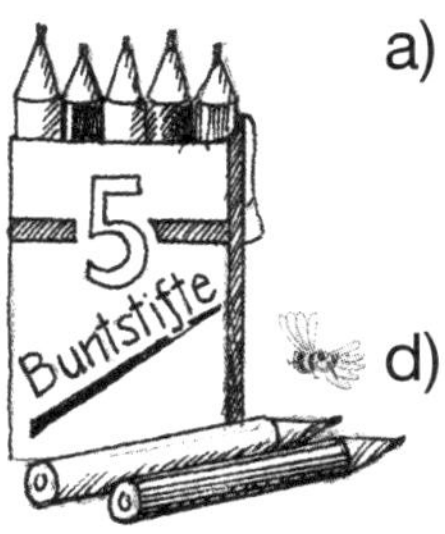

a) 3 Schachteln und 2 einzelne Stifte
$3 \cdot 5 + 2 = 17$

b) 6 Schachteln und 5 einzelne Stifte
___

c) 8 Schachteln und 7 einzelne Stifte
___

d) 9 Schachteln und 20 einzelne Stifte
___

e) 7 Schachteln und 30 einzelne Stifte
___

f) 5 Schachteln und 35 einzelne Stifte
___

4 Zeichne die Plättchen ein.

Zwergen-Zauber-Dreiecke

a)

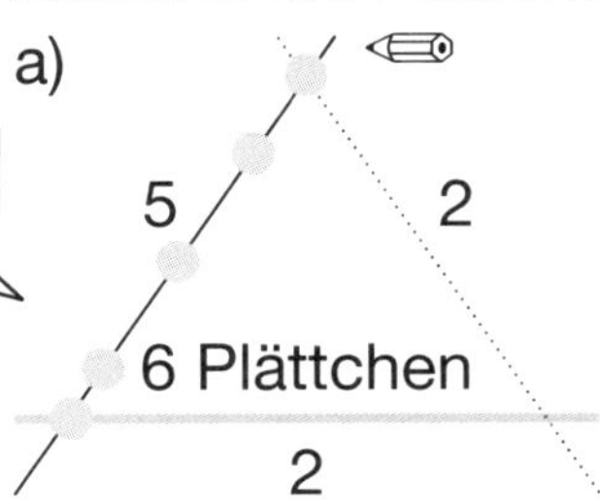

b)

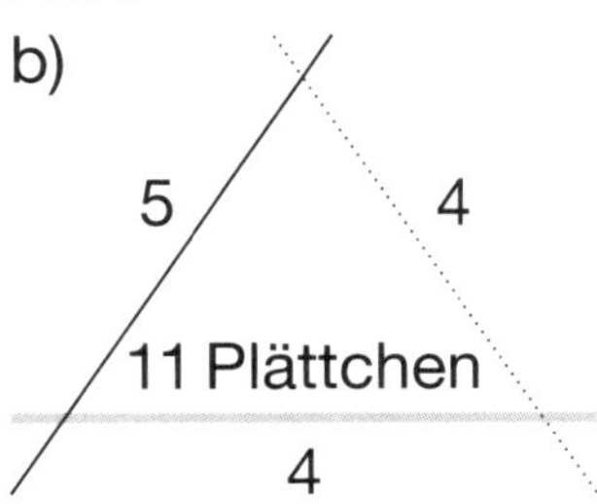

c)

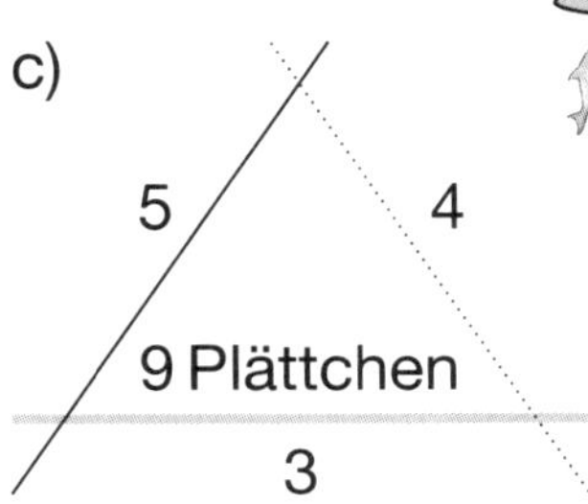

d)

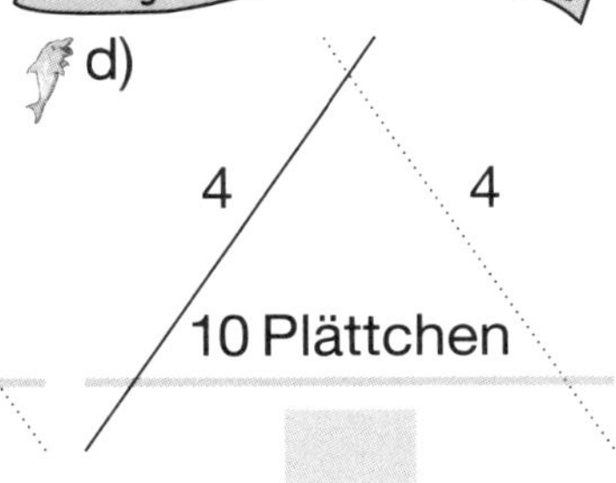

1 Wie viele Zuschauer sitzen hier ungefähr?

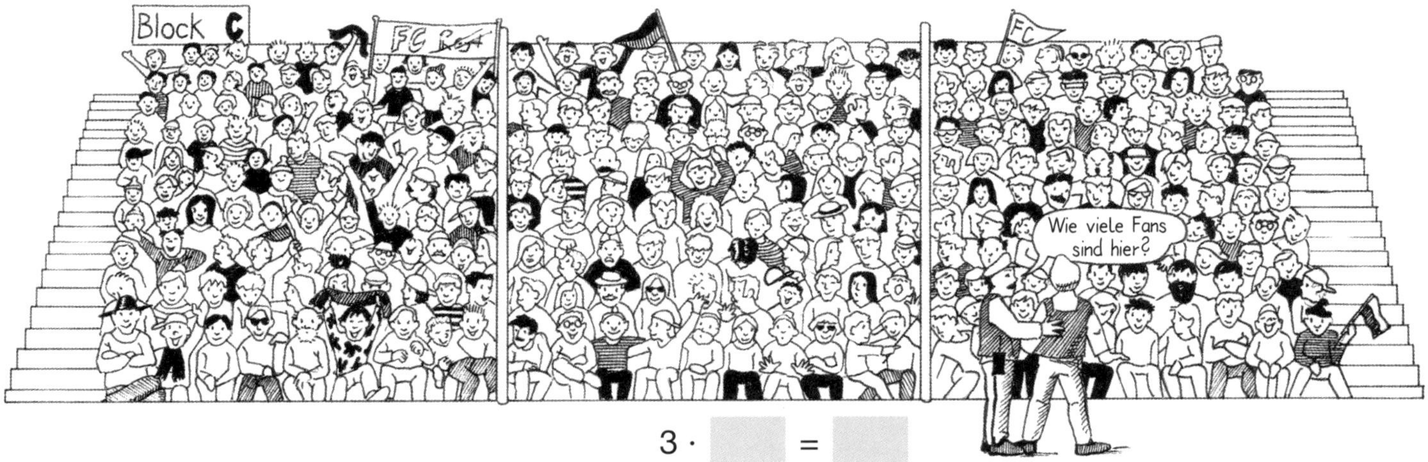

3 · ____ = ____

2 Wie viele kleine Kästchen sind es jeweils?

A
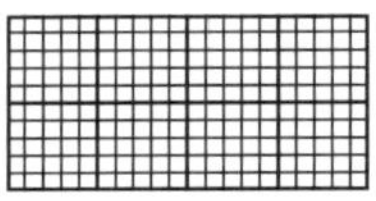
____

B
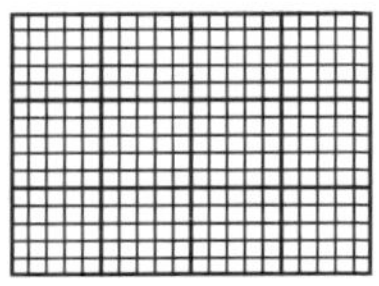
____

C
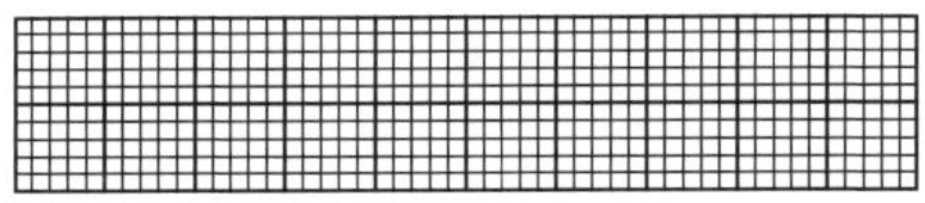
____

D
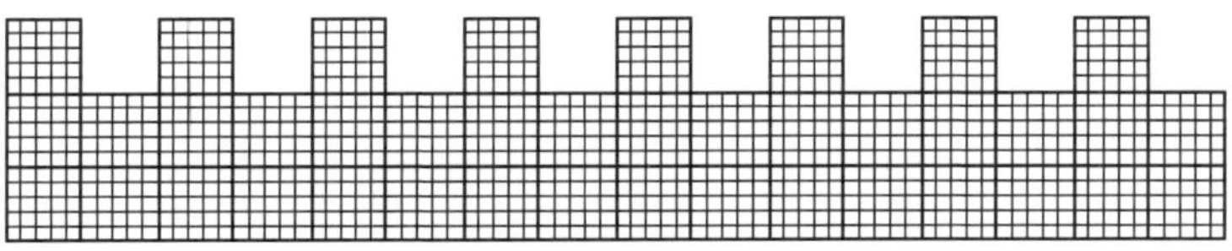
____

E
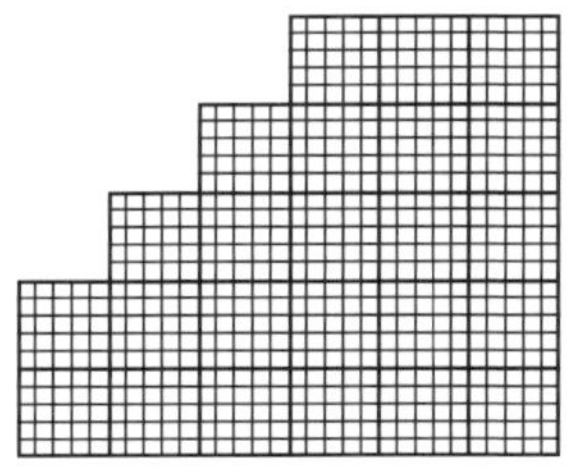
____

3 Male aus.

a) 400 Kästchen

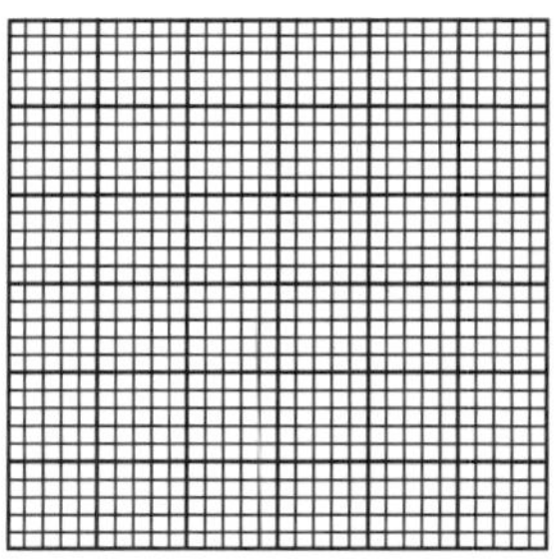

b) 700 Kästchen

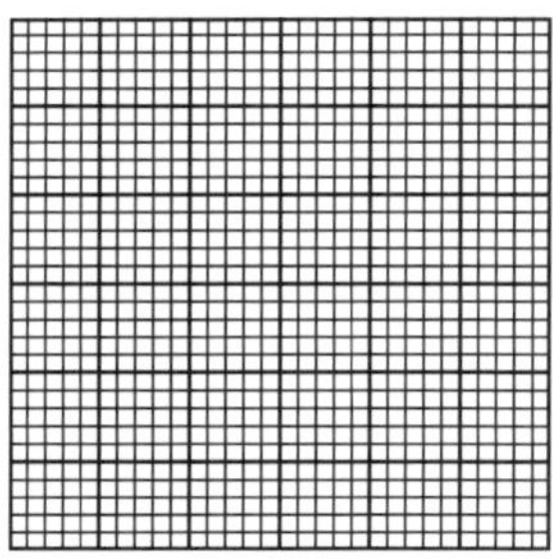

c) 800 Kästchen

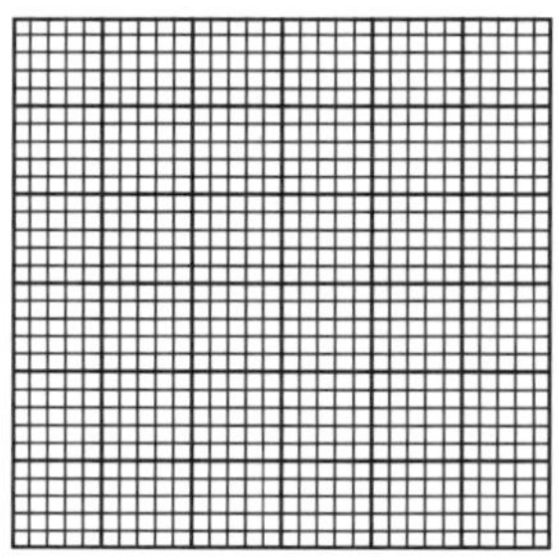

d) 550 Kästchen

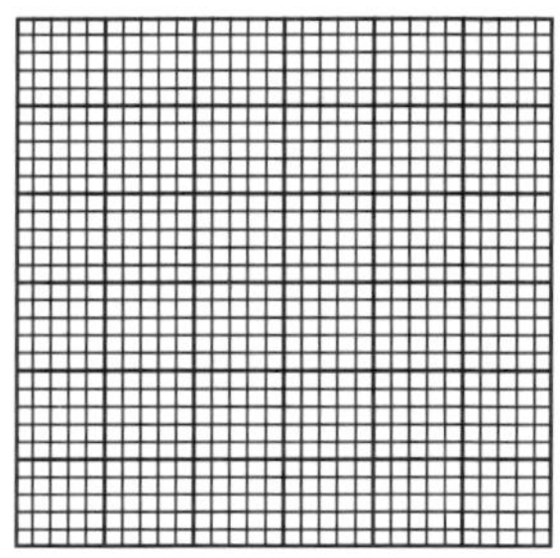

4 a)

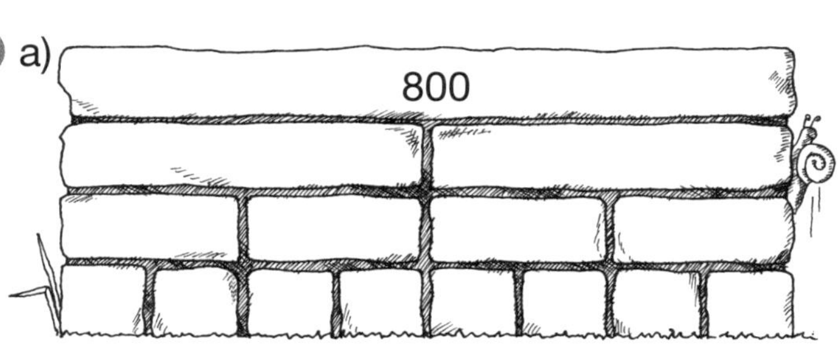

b)

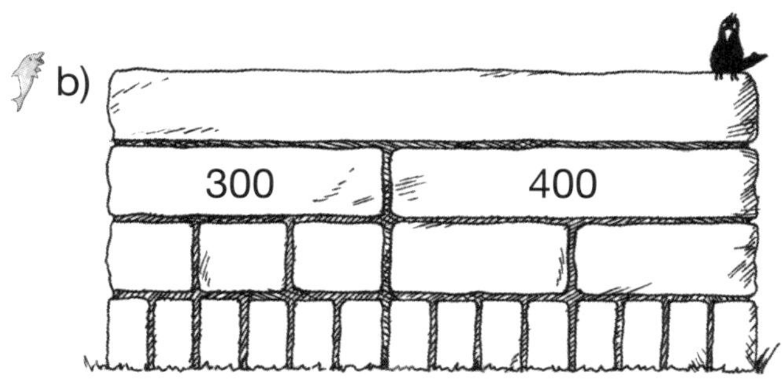

zu Seite 26

1 Male die Hunderter gelb, die Zehner blau, die Einer rot an. Wie viele sind es?

a) b) c) d)

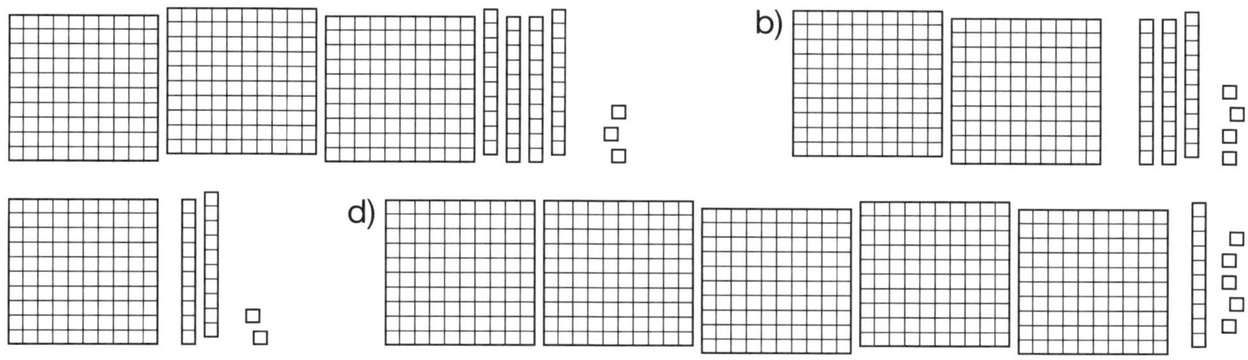

e) f)

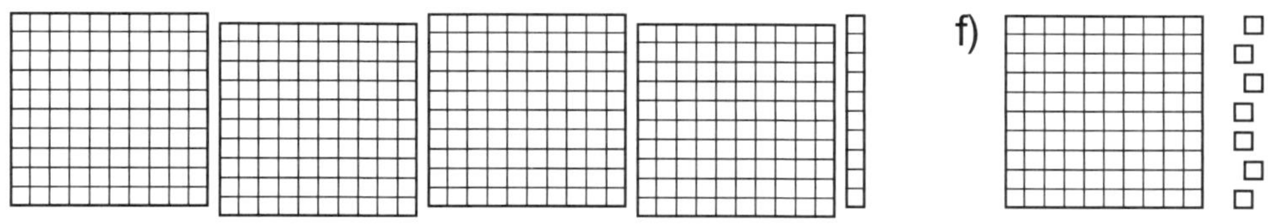

	H	Z	E
a)			
b)			
c)			
d)			
e)			
f)			

2 Male aus.

a) 3 H 4 Z 6 E — Zahl

b) 4 H 5 Z 3 E — Zahl

c) 2 H 5 E — Zahl

d) 3 H 2 Z 9 E — Zahl

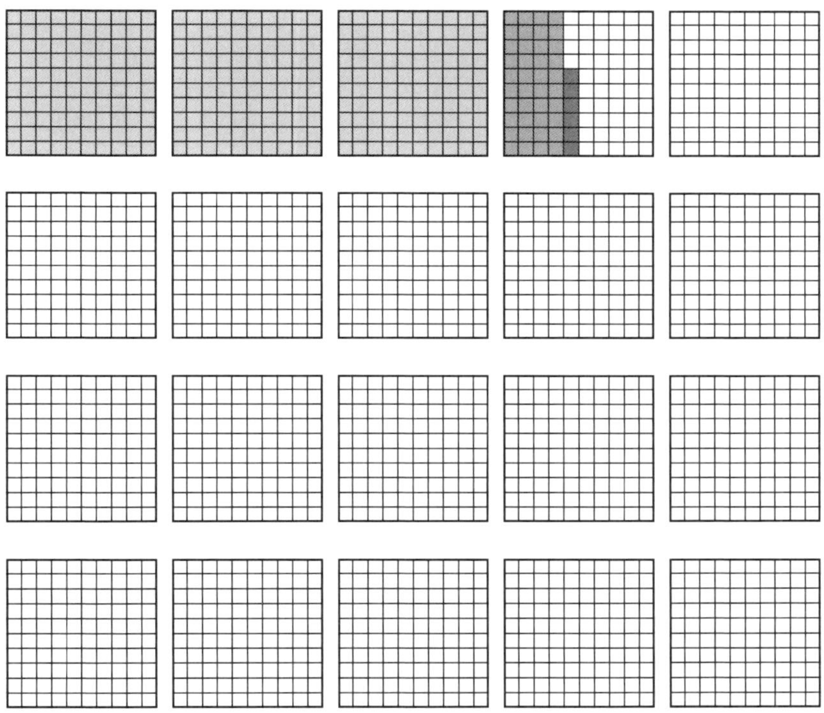

3 Schreibe die Zahlen.

dreihundert fünfundvierzig	sechshundert siebenunddreißig	neunhundert einundachtzig
zweihundert zwanzig	vierhundert fünf	achthundert eins

Die Zahlen bis 1000 aufbauen

zu Seite 27

H gelb
Z blau
E rot

1 Wie heißt die dargestellte Zahl? Male die Zahlenkarten an.

a) 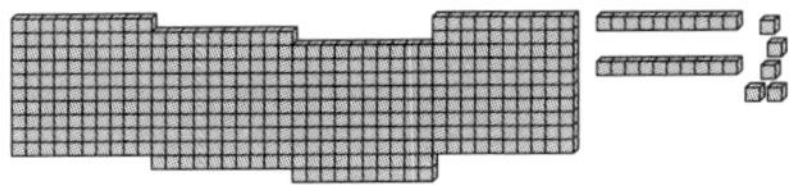

400 | 20 | 5

4 2 5

b) 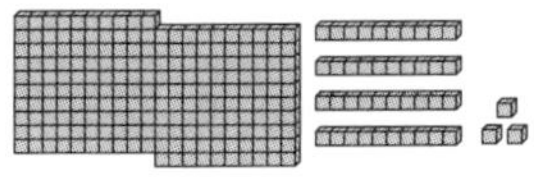

c) 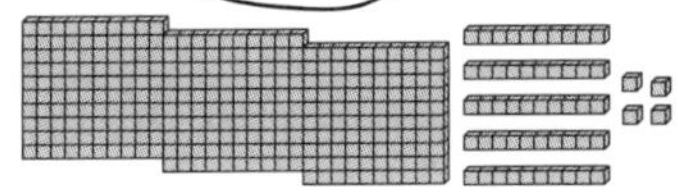

d) 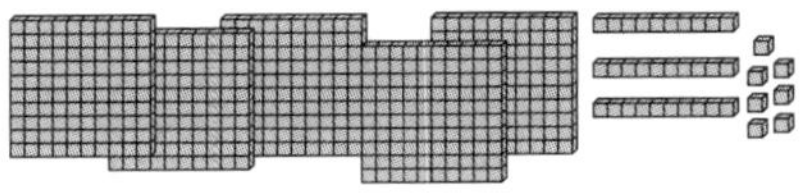

e) 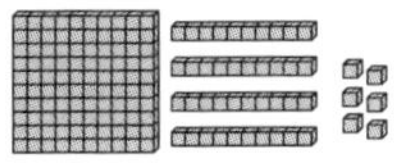

f) 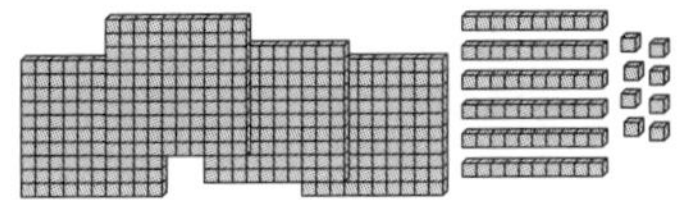

2 Welche Zahlenkarten liegen übereinander? Male sie an.

a) 7 2 1

b) 5 1 9

c) 3 9 7

d) 1 8 5

e) 9 7 2

f) 6 6 4

3 a) 8 3 6 — 800 + 30 + 6

6 4 8 — ______

4 9 1 — ______

b) 9 0 3 — ______

5 5 0 — ______

7 7 9 — ______

4 Schreibe verschiedene Zahlen, die du mit diesen Zahlenkarten zusammensetzen kannst.

5 0 0 | 7 | 8 0 | 3 | 8 0 0 | 4 0

Der Tausender in Hunderterfeldern

1 Schreibe die Zahlen in das Muster.

		403					408		

2 Fülle aus.

a)

301				
			314	
	332			

b)

				940
			979	

3 Male die Felder aus.

a) 135 144 146 153 157 164 166 175

101	102	103	104	105	106	107	108	109	110
111									120
121									130
131									140
141									150
151									160
161									170
171									180
181									190
191	192	193	194	195	196	197	198	199	200

b) 724 728 735 737 746 756 766 776

701	702	703	704	705	706	707	708	709	710
711									720
721									730
731									740
741									750
751									760
761									770
771									780
781									790
791	792	793	794	795	796	797	798	799	800

c) 523 528 534 537 545 546 555 556 564 567 573 578

501	502	503	504	505	506	507	508	509	510
511									520
521									530
531									540
541									550
551									560
561									570
571									580
581									590
591	592	593	594	595	596	597	598	599	600

d) 835 836 844 847 853 854 857 858 864 867 875 876

801	802	803	804	805	806	807	808	809	810
811									820
821									830
831									840
841									850
851									860
861									870
871									880
881									890
891	892	893	894	895	896	897	898	899	900

e) 625 626 635 636 644 645 646 647 654 655 656 657 665 666 675 676

601	602	603	604	605	606	607	608	609	610
611									620
621									630
631									640
641									650
651									660
661									670
671									680
681									690
691	692	693	694	695	696	697	698	699	700

f) 223 224 227 228 233 234 237 238 243 248 253 254 255 256 257 258

201	202	203	204	205	206	207	208	209	210
211									220
221									230
231									240
241									250
251									260
261									270
271									280
281									290
291	292	293	294	295	296	297	298	299	300

Die Zahlen bis 1000 am Zahlenstrahl

1 Trage die Zahlen ein.

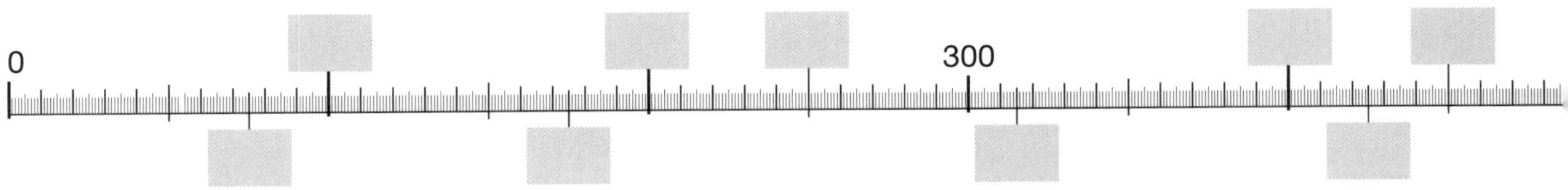

2 Verbinde.

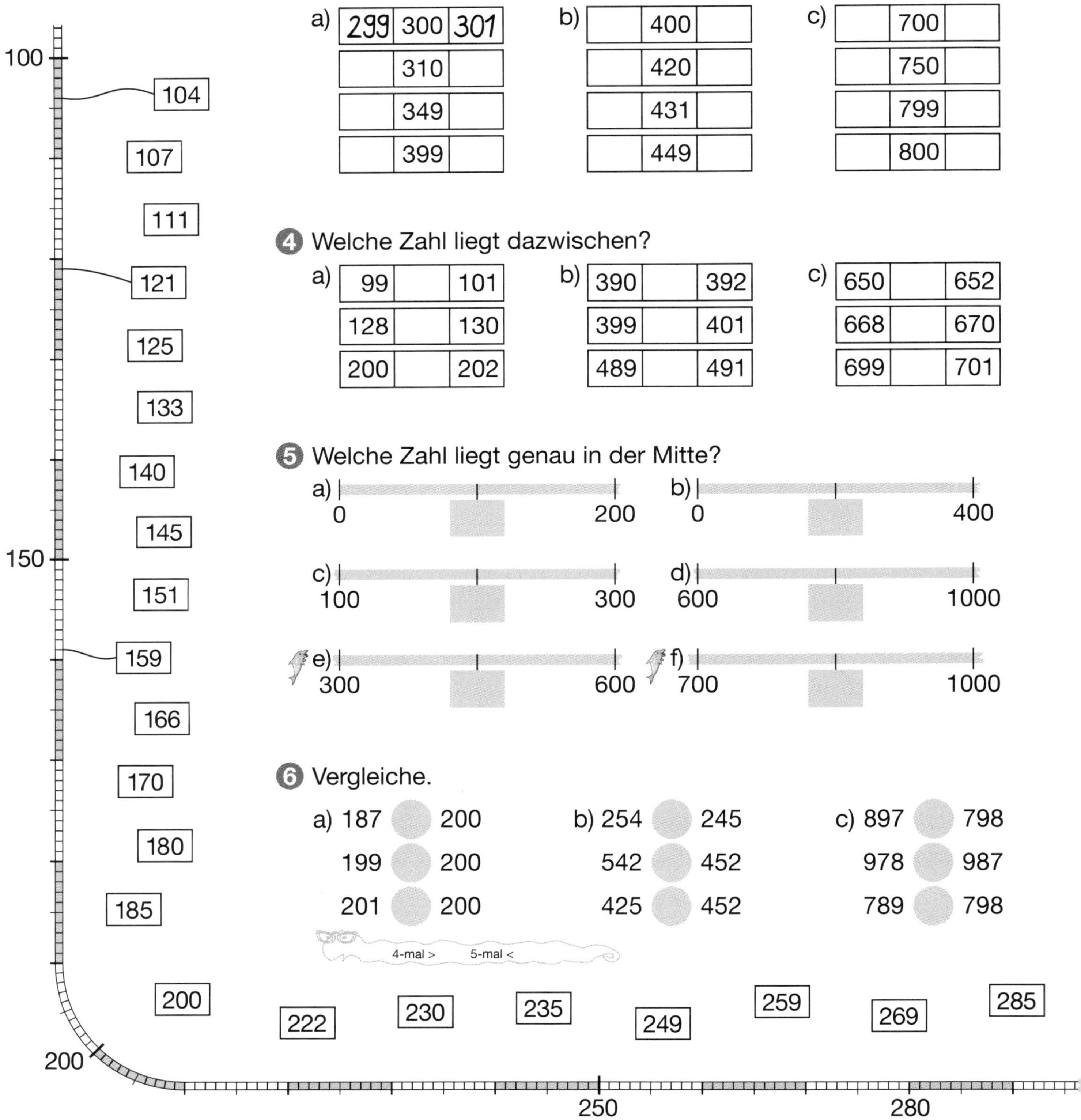

3 Trage die Nachbarzahlen ein.

a)

299	300	301
	310	
	349	
	399	

b)

	400	
	420	
	431	
	449	

c)

	700	
	750	
	799	
	800	

4 Welche Zahl liegt dazwischen?

a)

99		101
128		130
200		202

b)

390		392
399		401
489		491

c)

650		652
668		670
699		701

5 Welche Zahl liegt genau in der Mitte?

a) 0 ___ 200

b) 0 ___ 400

c) 100 ___ 300

d) 600 ___ 1000

e) 300 ___ 600

f) 700 ___ 1000

6 Vergleiche.

a) 187 ◯ 200
199 ◯ 200
201 ◯ 200

b) 254 ◯ 245
542 ◯ 452
425 ◯ 452

c) 897 ◯ 798
978 ◯ 987
789 ◯ 798

4-mal > 5-mal <

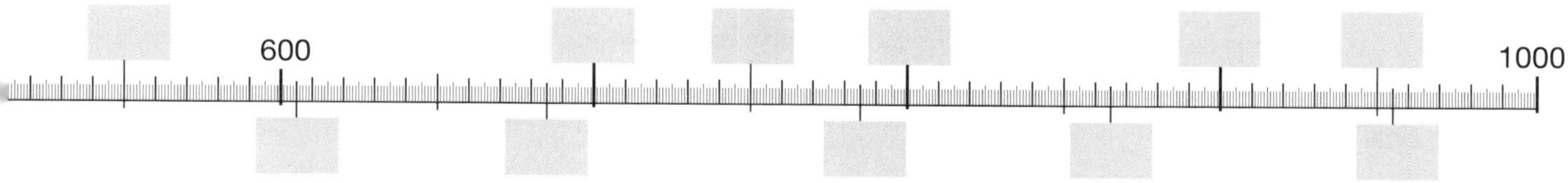

7 Trage die benachbarten Zehnerzahlen ein.

a)

200	207	210
	221	
	248	
	293	

b)

	416	
	433	
	489	
	491	

c)

	516	
	738	
	845	
	992	

8 Trage jeweils eine Zahl ein, die dazwischen liegt.

Viele Lösungen möglich!

a)

360	368	370
380		390
390		400

b)

500		510
570		580
590		600

c)

900		910
950		960
990		1000

9 Setze die Zahlenstrahlen fort.

a)

b)

c)

10 Verbinde die Zahlen nach der Größe.

a) 701 708 817 870

688 780 807 871

b) 500 605 515 595

650 505 600 550

500 499 491 487 477 467 459 449 450 444 431 421 418 408 396 400 382 372 352 340 333 322 315 350 310

Geometrische Körper

1 Wie heißen diese Körper?

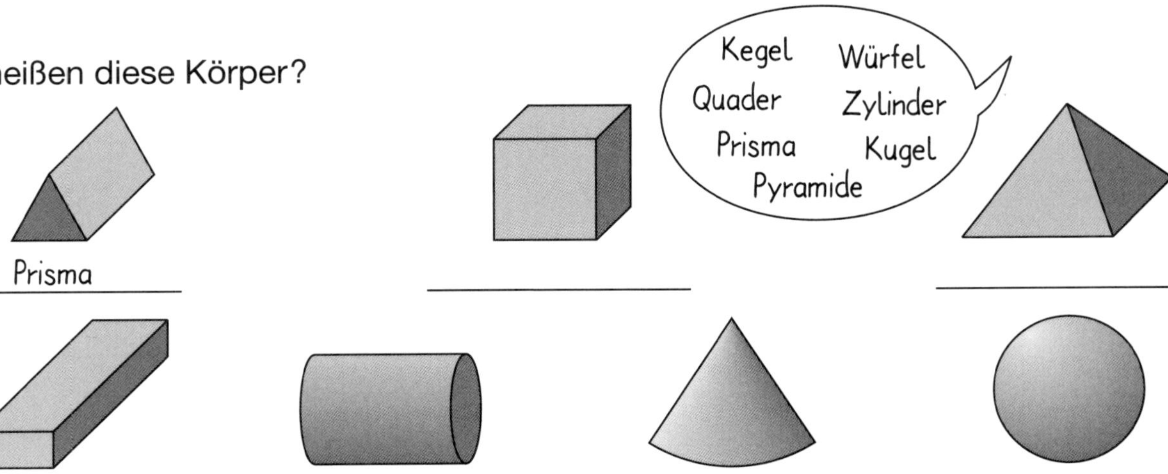

2 Male Körper, die den gleichen Namen haben, mit gleicher Farbe an.

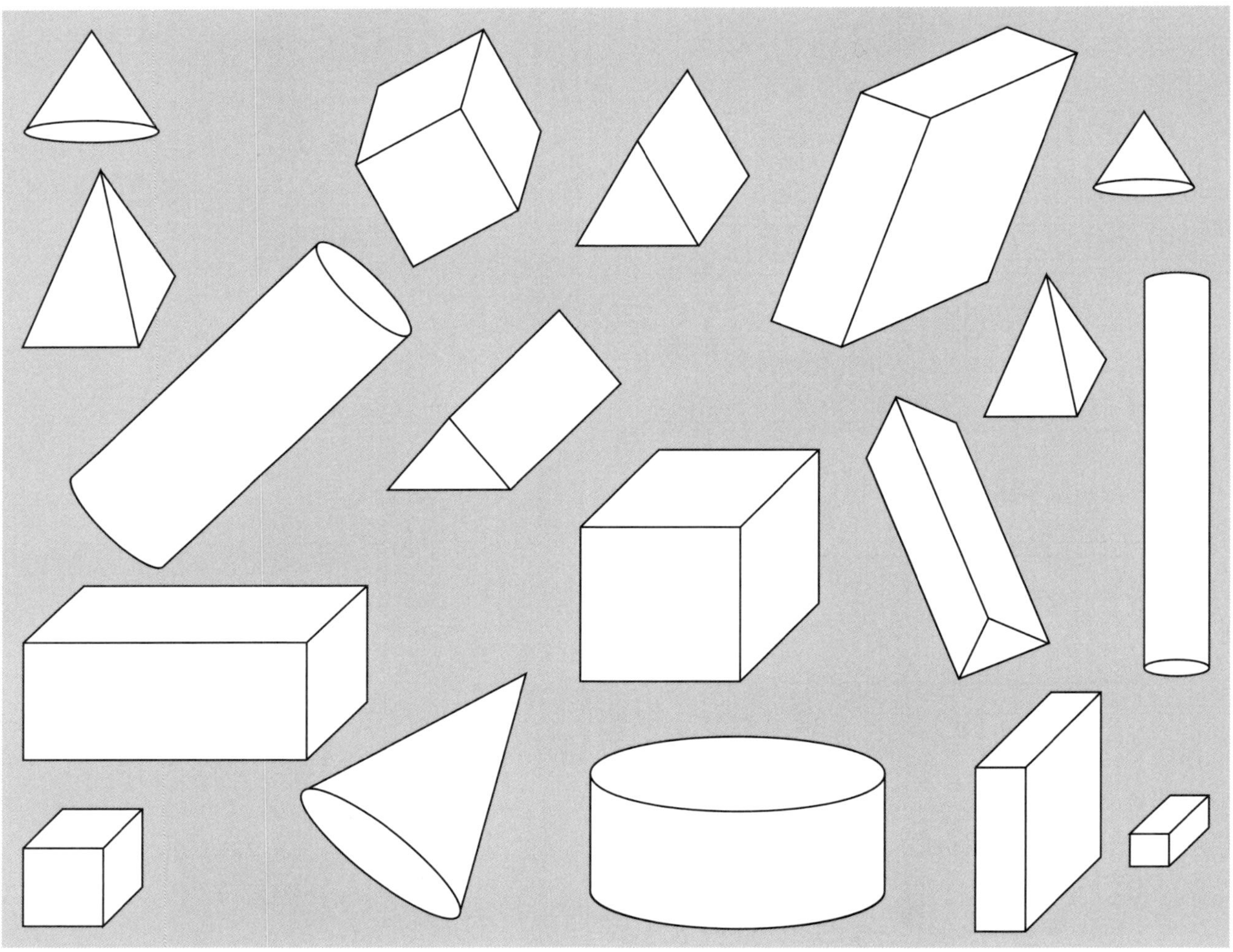

3 An welchen Körpern kommen diese Flächen vor?

Rechteck	Quadrat	Dreieck	Kreis
Prisma			

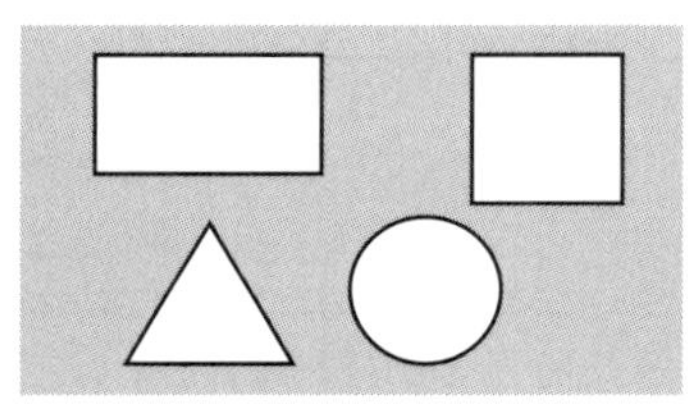

Prisma ist zusätzliches Lernangebot.

Geometrische Körper

zu den Seiten 32 bis 34

1 Quader: blau — Pyramide: rot — Kugel: orange
Würfel: grün — Zylinder: gelb — Kegel: lila — Prisma: grau

a) Male richtig aus.

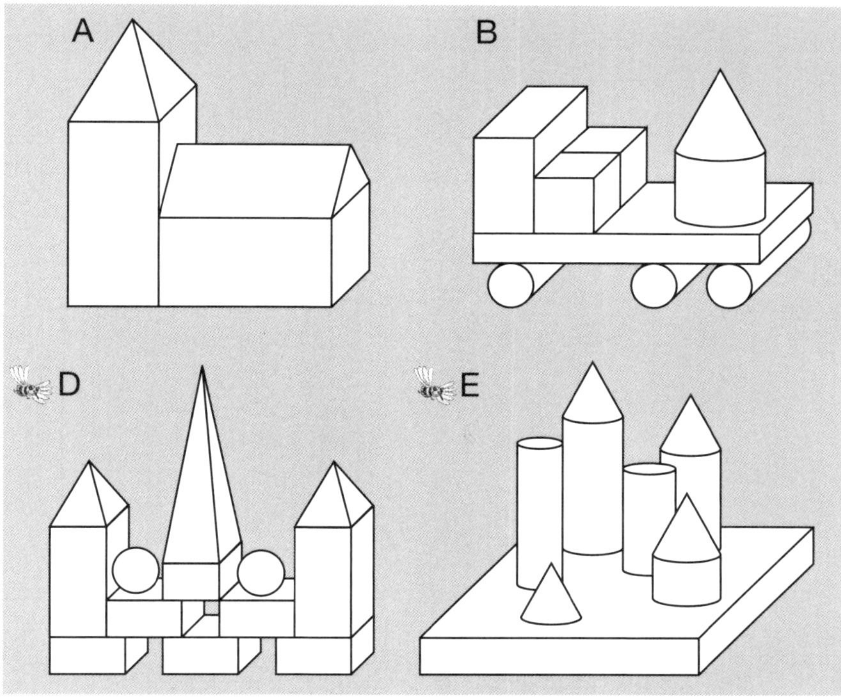

A							
B							
C							
D							
E							

b) Wie viele Körper entdeckst du? Trage in die Tabelle ein.

2 Wie viele Würfel sind es?

a) 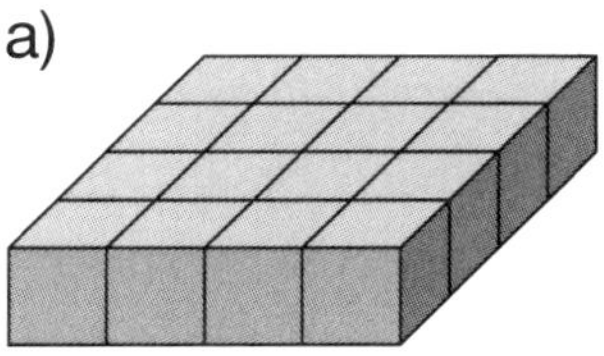
Würfel

b) 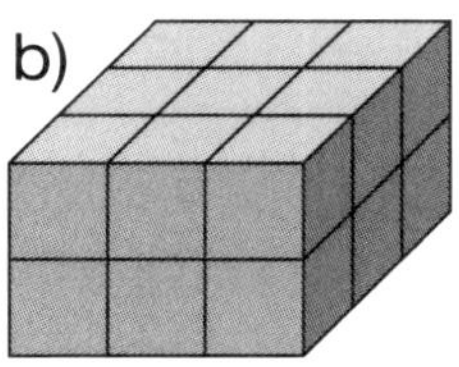
Würfel

c) 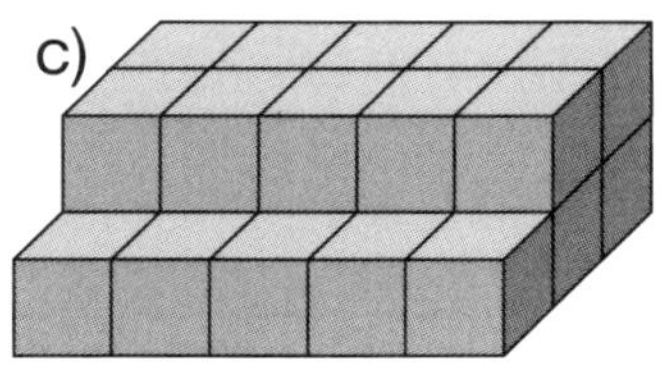
Würfel

d) 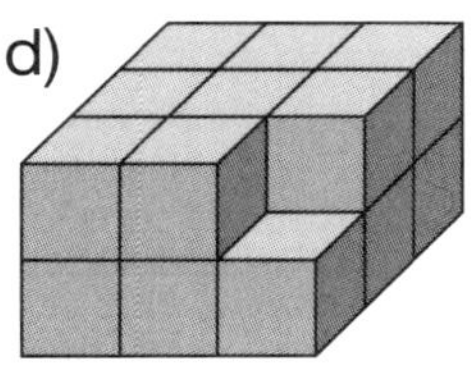
Würfel

e) 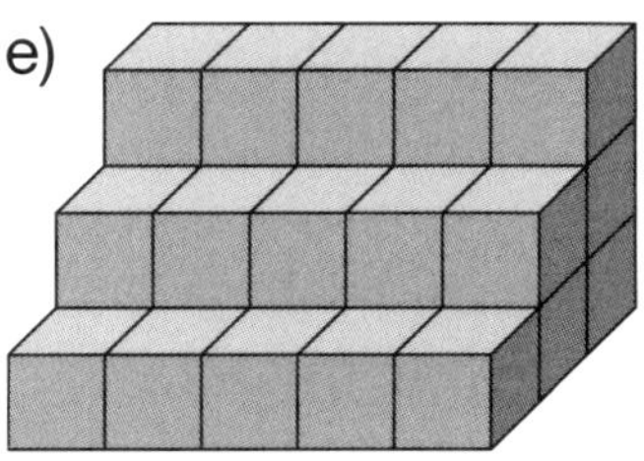
Würfel

f) 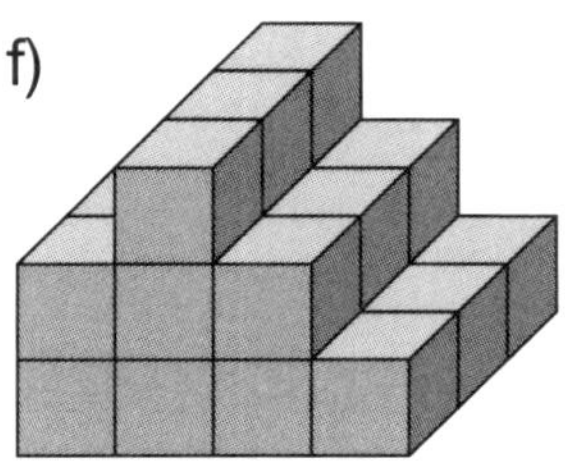
Würfel

g) 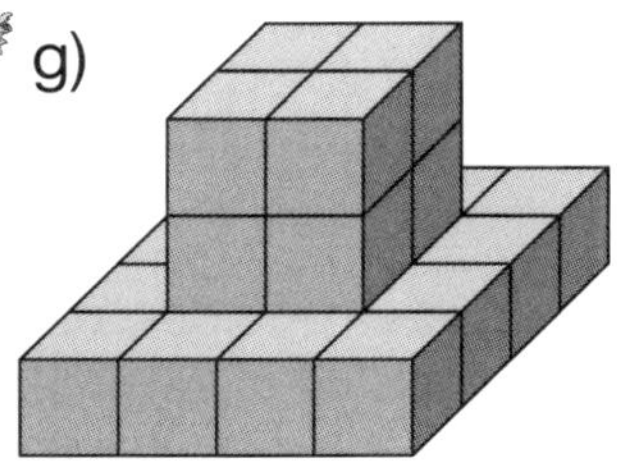
Würfel

h) 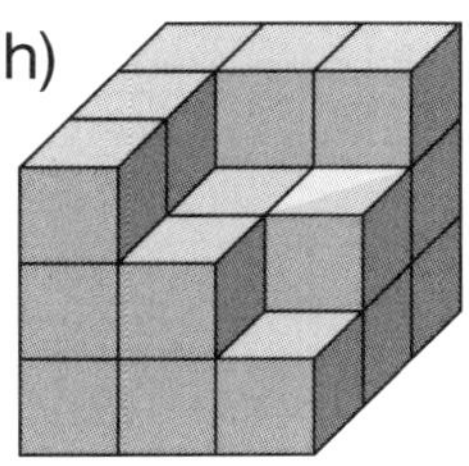
Würfel

3 Rätsel: a) Der Körper hat keine Ecken und keine Kanten.

Lösung: ____________

b) Der Körper steht auf einem Quadrat und hat eine Spitze.

Lösung: ____________

Prisma ist zusätzliches Lernangebot.

1 Aus Knetmasse und Strohhalmen wurden Würfel und Quader gebaut.

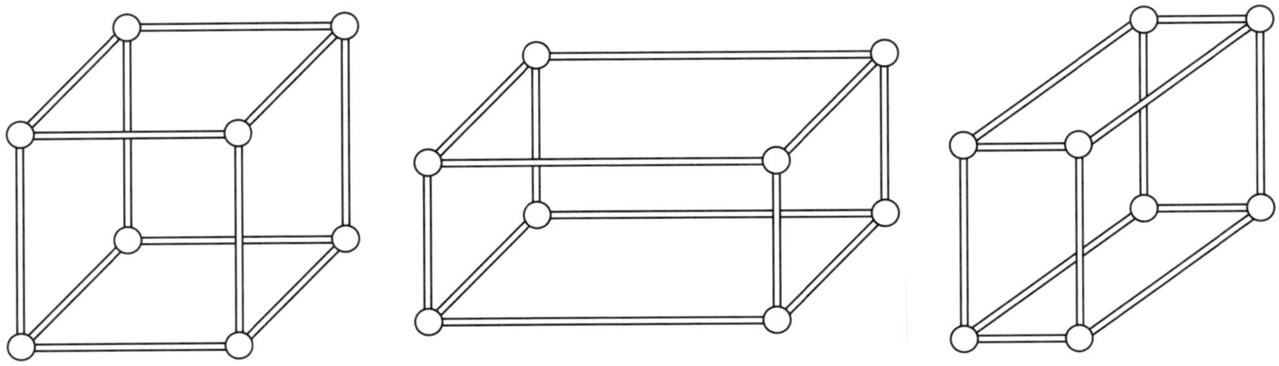

a) Male alle Kugeln aus Knetmasse rot an.
Male alle Strohhalme blau aus.

b) Trage für Würfel und Quader ein.

Wie viele Kugeln?		
Wie viele Halme?		
Wie viele Halme stecken in jeder Kugel?		
Wie viele Halme sind jeweils gleich lang?		

2 Die Spinne läuft an den Halmen entlang zur Beute.

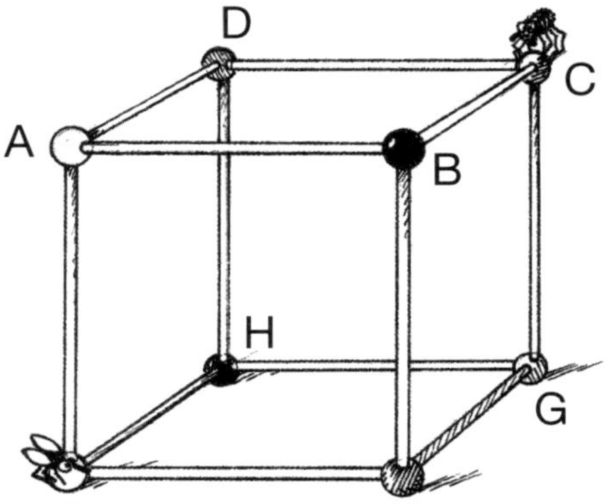

a) Gib verschiedene Wege an von C nach E:

C → ______________________

C → ______________________

C → ______________________

b) Welche Wege gibt es von F nach D?

F → ______________________

F → ______________________

F → ______________________

3 Du beobachtest die Spinne.

a) Sie sitzt auf A und läuft nach unten, nach rechts, nach oben.
Die Beute sitzt auf ___.

b) Sie sitzt auf H und läuft nach oben, nach rechts, dann nach unten.
Die Beute sitzt auf ___.

4 Jede Kante des Würfels ist 6 cm lang. Wie lang ist der gesamte Weg?

a) A → E → F → G: ________ cm

b) B → C → D → H: ________ cm

c) D → H → E → F: ________ cm

d) C → B → F: ________ cm

e) D → A → E → F → B: ________ cm

f) C → G → F → B → C: ________ cm

Teilen – Umkehraufgaben zum Einmaleins

1 Schreibe jeweils eine Mal- und eine Geteiltaufgabe.

a) 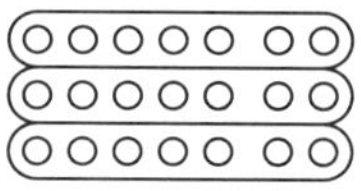

3 · 7 = ___

21 : 7 = ___

b) 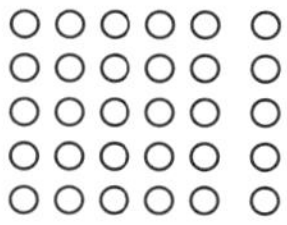

___

___

c) 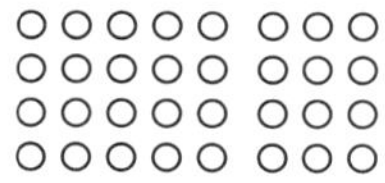

___

___

d) 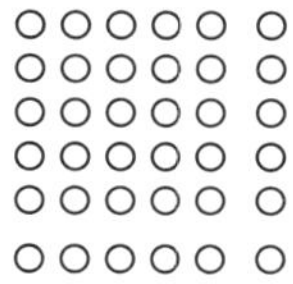

___

___

e) 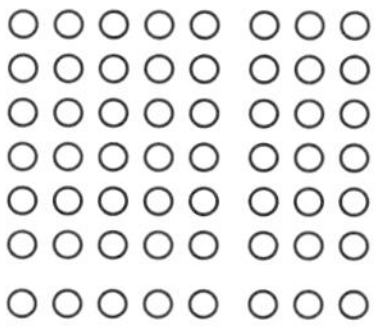

___

___

f) 

___

___

g) 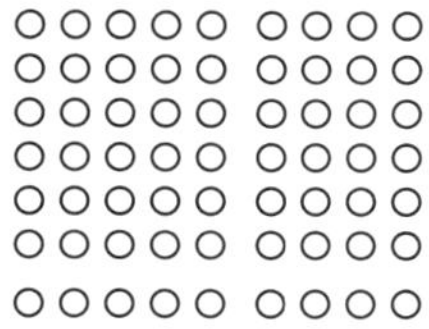

___

___

h) 

___

___

2

a) 72 : 9 = ___ / ___ · 9 = 72

b) 42 : 6 = ___ / ___ · 6 = 42

c) 36 : 4 = ___ / ___ · 4 = 36

d) 49 : 7 = ___ / ___ · 7 = 49

e) 63 : 7 = ___ / ___ · 7 = 63

f) 81 : 9 = ___ / ___ · 9 = 81

g) 24 : 8 = ___ / ___ · 8 = 24

h) 54 : 6 = ___ / ___ · 6 = 54

3

a) ___ · 7 = 35 / ___ · 4 = 16 / ___ · 3 = 27

b) 8 · ___ = 32 / 7 · ___ = 63 / 6 · ___ = 24

c) ___ · 5 = 45 / ___ · 8 = 16 / ___ · 7 = 14

d) 3 · ___ = 24 / 2 · ___ = 18 / 6 · ___ = 48

e) ___ · 7 = 14 / ___ · 6 = 18 / ___ · 3 = 9

f) 9 · ___ = 36 / 8 · ___ = 64 / 7 · ___ = 42

g) ___ · 5 = 15 / ___ · 9 = 45 / ___ · 4 = 28

h) ___ · ___ = 81 / ___ · ___ = 36 / ___ · ___ = 25

4 Male aus.

12 : 6 = ___	36 : 9 = ___
32 : 8 = ___	42 : 7 = ___
9 : 9 = ___	45 : 9 = ___
64 : 8 = ___	18 : 6 = ___
18 : 9 = ___	50 : 5 = ___
30 : 6 = ___	27 : 9 = ___
48 : 6 = ___	35 : 7 = ___

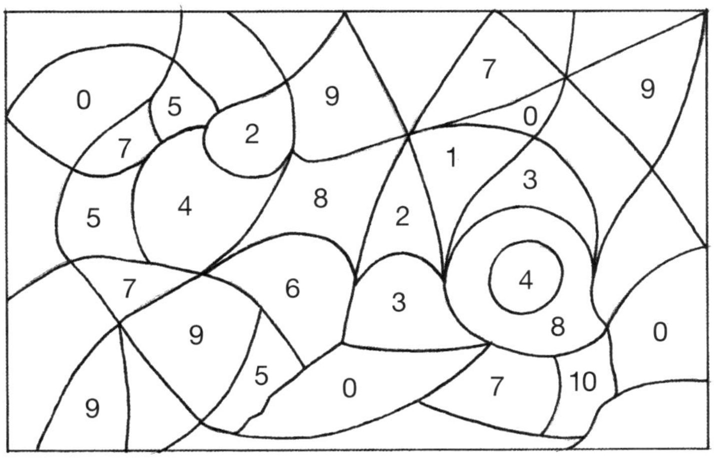

1 Schreibe jeweils zwei Malaufgaben und die Umkehraufgaben.

a) 

3 · 6 =
18 : 6 =
6 · 3 =

b) 

c) 

d) 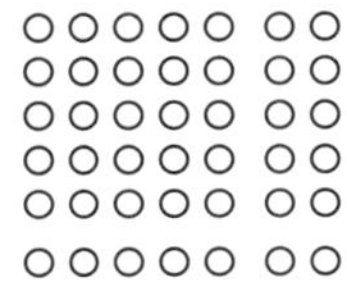

e) 

f) 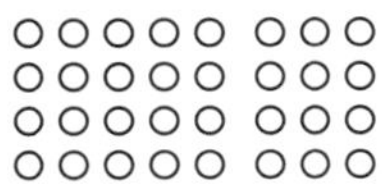

g) 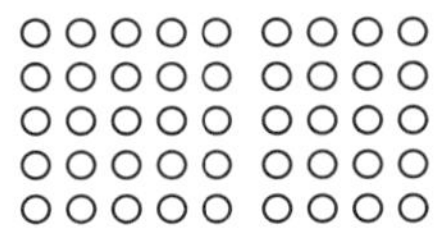

h) 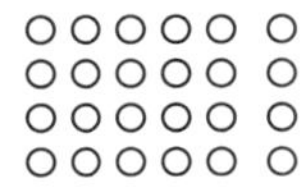

2 Ergänze. Es handelt sich um Aufgaben-Quartette.

a)
6 · 8 =	8 · 6 =
: 8 = 6	: 6 = 8

b)
8 · 3 =	3 · 8 =
: 3 = 8	: 8 = 3

c)
6 · 7 =	
: 7 = 6	

d)
	4 · 7 =
	: 7 = 4

e)
6 · 5 =	
: 5 = 6	

f)
	5 · 9 =
	: 9 = 5

3 Schreibe Aufgaben-Quartette.

a) 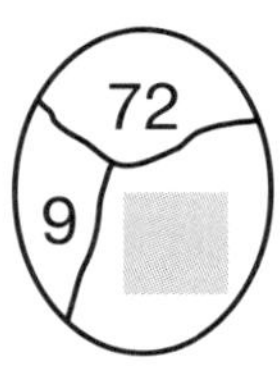

72 : 9 =
· 9 = 72
72 : = 9
9 · = 72

b) 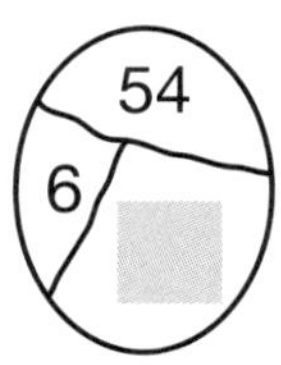

54 : 6 =
· 6 = 54

c) 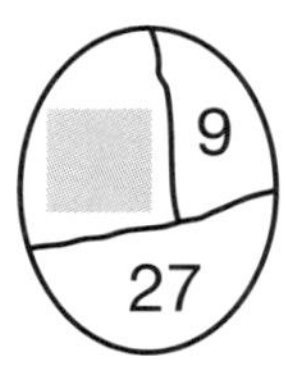

27 : 9 =

d) 

36 : 4 =

e) 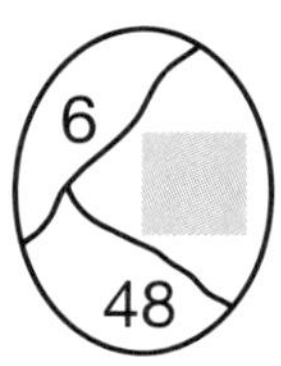

f) 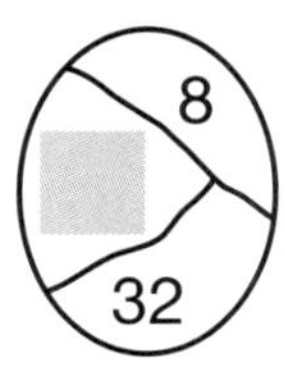

Teilen mit Rest

1 Verteile die Plätzchen gleichmäßig in die Schachteln.

a)

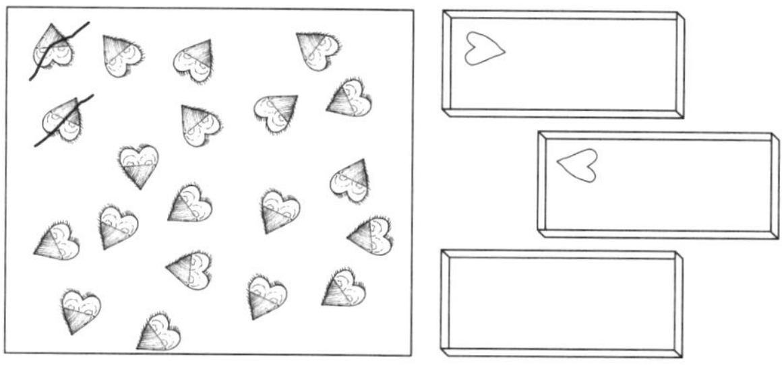

20 : 3 = ____________________

In jeder Schachtel sind ___ Plätzchen.

___ Plätzchen bleiben übrig.

b)

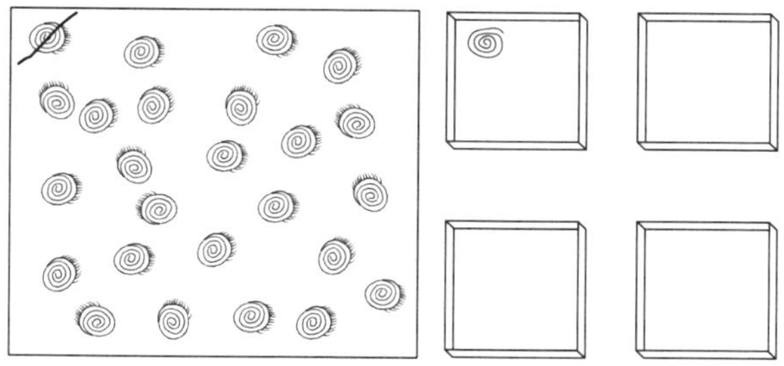

____

____

____

2 a) Lena verteilt 40 Murmeln an 6 Kinder.

Jedes Kind bekommt ___ Murmeln.

___ Murmeln bleiben übrig.

b) Fred verteilt 20 Aufkleber an 3 Kinder.

Jedes Kind bekommt ___ Aufkleber.

___ Aufkleber bleiben übrig.

c) Katja verteilt 15 Bilder an 4 Kinder.

____

____

d) 35 Figuren werden an 7 Kinder verteilt.

____

____

3

a)	b)	c)
26 : 5 = ______	20 : 9 = ______	17 : 7 = ______
27 : 5 = ______	30 : 9 = ______	50 : 7 = ______
29 : 5 = ______	40 : 9 = ______	42 : 7 = ______
30 : 5 = ______	50 : 9 = ______	39 : 7 = ______

4

a)	b)	c)
55 : 6 = ______	22 : 3 = ______	92 : 10 = ______
40 : 5 = ______	73 : 9 = ______	10 : 3 = ______
50 : 8 = ______	37 : 4 = ______	54 : 6 = ______
36 : 7 = ______	33 : 5 = ______	68 : 8 = ______

5

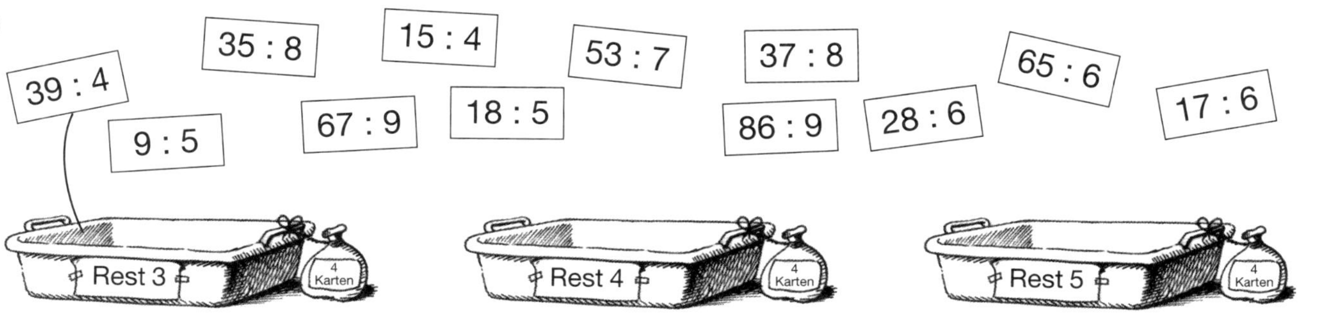

zu Seite 40

1 Wie viele Tüten werden gebraucht? Bleibt ein Rest?

a) 

22 : 3 = ___ Tüten

Rest ___

b) 

24 : 5 = ___ Tüten

Rest ___

c) 

23 : 4 = ___ Tüten

Rest ___

2 Zeichne und rechne.

a) 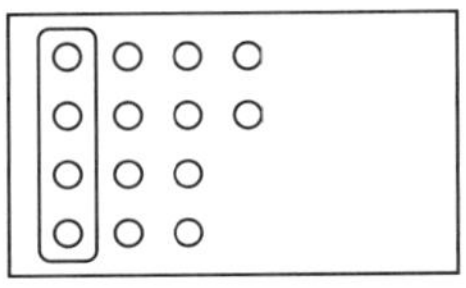

14 : 4 = ___

Rest ___

b) 14 : 3 = ___

Rest ___

c) 14 : 5 = ___

Rest ___

d) 14 : 6 = ___

Rest ___

Rechne weiter.

3

a)

29 : 4 = 7 R 1
30 : 4 =
31 : 4 =
32

b)

21 : 3 =
22 : 3 =
23 : 3 =

c)

50 : 6 =
51 : 6 =
52 : 6 =
53

4 Schreibe Geteiltaufgaben mit und ohne Rest.

a)

1	2	:	6	=	2	R	0
1	2	:	5	=		R	

b)

2	5	:		=		R	0
2	5	:		=		R	

c)

4	2	:		=		R	0
4	2	:		=		R	

d)

1	5	:		=		R	0
1	5	:		=		R	

e)

2	8	:		=		R	0
2	8	:		=		R	

f)

3	6	:		=		R	0
3	6	:		=		R	

5 Kreuze die gesuchte Zahl an.

a)

Wenn ich meine Zahl durch 3 teile, so erhalte ich 5 Rest 2.	◯ 15 ◯ 16 ◯ 17

b)

Wenn ich meine Zahl durch 6 teile, so erhalte ich 8 Rest 1.	◯ 48 ◯ 49 ◯ 50

c)

Wenn ich meine Zahl durch 4 teile, so erhalte ich 7 Rest 3.	◯ 29 ◯ 30 ◯ 31

1 a) 231 = 200 + 30 + 1 b) 107 = ____ c) 340 = ____

374 = ____ 805 = ____ 907 = ____

532 = ____ 400 = ____ 270 = ____

35 = ____ 520 = ____ 708 = ____

2 Ordne die Zahlen nach der Größe. Die Buchstaben ergeben Vogelnamen.

a) T 109, R 111, A 110, S 101

S 101 | ____ | ____ | ____

b) M 328, E 823, L 832, S 382, A 238

____ | ____ | ____ | ____ | ____

c) E 497, C 794, E 974, H 947, L 479, R 749

____ | ____ | ____ | ____ | ____ | ____

3 a) ☐ $\xrightarrow{\cdot 4}$ 16, $\xleftarrow{:4}$ b) ☐ $\xrightarrow{\cdot 2}$ 8, $\xleftarrow{:2}$ c) ☐ $\xrightarrow{\cdot 3}$ 21, $\xleftarrow{:3}$ d) ☐ $\xrightarrow{\cdot 7}$ 56, $\xleftarrow{:7}$

e) ☐ $\xrightarrow{\cdot 6}$ 36, $\xleftarrow{:6}$ f) ☐ $\xrightarrow{\cdot 8}$ 48, $\xleftarrow{:8}$ g) ☐ $\xrightarrow{\cdot 9}$ 54, $\xleftarrow{:9}$ h) ☐ $\xrightarrow{\cdot 8}$ 72, $\xleftarrow{:8}$

4 Was gehört zusammen? Male mit der gleichen Farbe an.

a) 34 : 7, 53 : 8, 60 : 8, 46 : 9, 70 : 9, 50 : 7

7 R 7, 7 R 1, 5 R 1, 4 R 6, 7 R 4, 6 R 5

b) 30 : 4, 27 : 4, 38 : 6, 46 : 8, 19 : 3, 55 : 9

5 R 6, 7 R 2, 6 R 1, 6 R 2, 6 R 3, 6 R 1

5

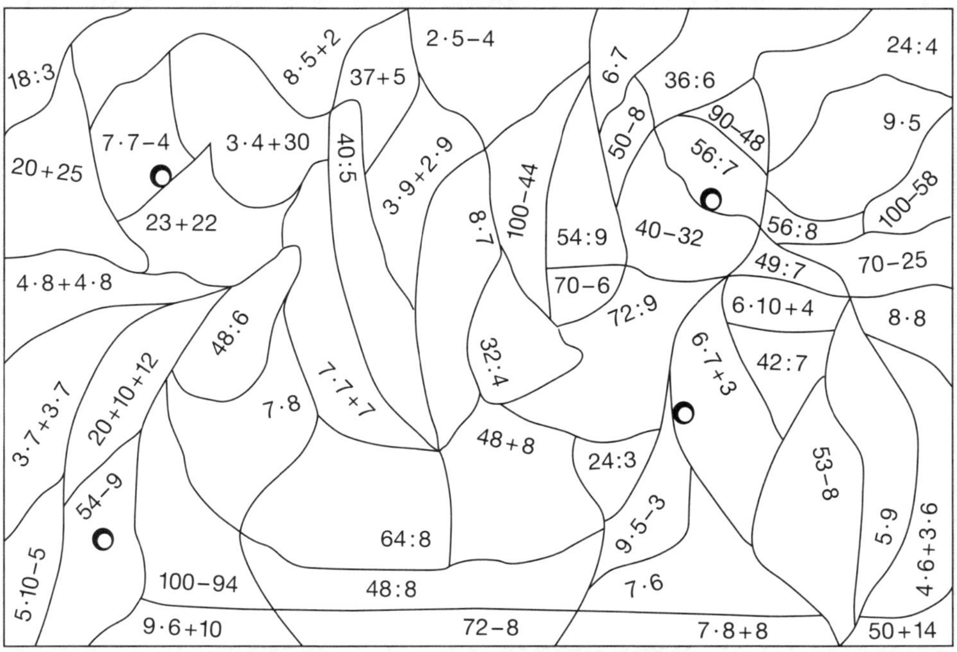

6 blau

7 gelb

8 rot

42 blau

45 grün

56 rot

64 braun

1 Christina möchte an ihre 9 Partygäste Bildkarten verteilen.

Frage: ______________________

Rechnung: ______________________

Antwort: ______________________

2 Daniel verteilt an sich und seine 7 Partygäste Schokoküsse.

Frage: ______________________

Rechnung: ______________________

Antwort: ______________________

3 Jedes der 8 Kinder bei Katharinas Geburtstag stellt 3 Window-Color-Folien her.

Frage: ______________________

Rechnung: ______________________

Antwort: ______________________

4 Max geht mit seinen 4 Gästen Hamburger essen. Jedes Kind isst einen Hamburger zu 2 €.

Frage: ______________________

Rechnung: ______________________

Antwort: ______________________

5 Vater hat an Floris Geburtstag 28 Fotos gemacht. Flori klebt immer 5 Fotos auf eine Albumseite.

Frage: ______________________

Rechnung: ______________________

Antwort: ______________________

6 Monika schaut ihr Fotoalbum an. Vom letzten Geburtstag sind es 6 Seiten mit 4 Fotos und eine Seite mit 3 Fotos.

Frage: ______________________

Rechnung: ______________________

Antwort: ______________________

7

Hamburger-Oase	
Hamburger	2 €
Frites	1 €
Chicken-Taler	
5 Stück	2 €
8 Stück	3 €
12 Stück	4 €
Limo	2 €
Wasser	1 €

Julian geht mit seinen 4 Gästen in die Hamburger-Oase. Sie dürfen 30 € ausgeben.

Saurier - Museum

Eintritt:
Erwachsene 6 €
Kinder 3 €

Museumsführer 8 €

Saurierfiguren
klein 5 €
groß 9 €

1 Herr Erler geht mit zwei Kindern ins Museum. Er kauft noch einen Museumsführer.

Frage: ____________________

Rechnung: ____________________

Antwort: ____________________

2 Marie hat von ihrer Oma 20 € für den Museumsbesuch bekommen. Sie bezahlt davon den Eintritt und zwei kleine Saurierfiguren.

Frage: ____________________

Rechnung: ____________________

Antwort: ____________________

3 Frau Bayer ging mit ihren drei Kindern ins Museum. Sie hat 38 € ausgegeben.

Frage: ____________________

Antwort: ____________________

4

Julia darf sich eine Saurierfigur und eine Pflanze aus der Urwelt aussuchen. Welche Auswahlmöglichkeiten hat sie?

Suche alle Möglichkeiten.
A1 ____________________
____
____

Anzahl der Möglichkeiten ☐

5 a)

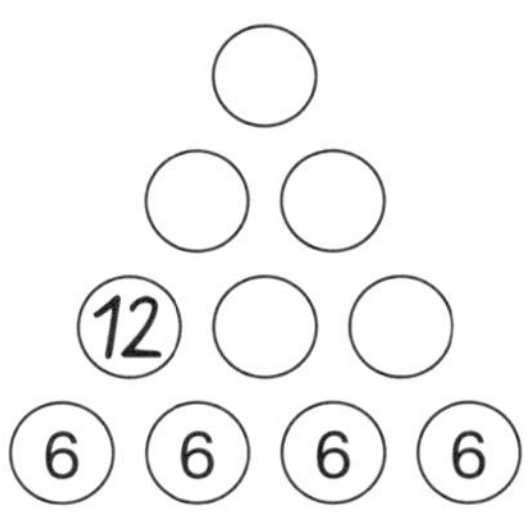

b)

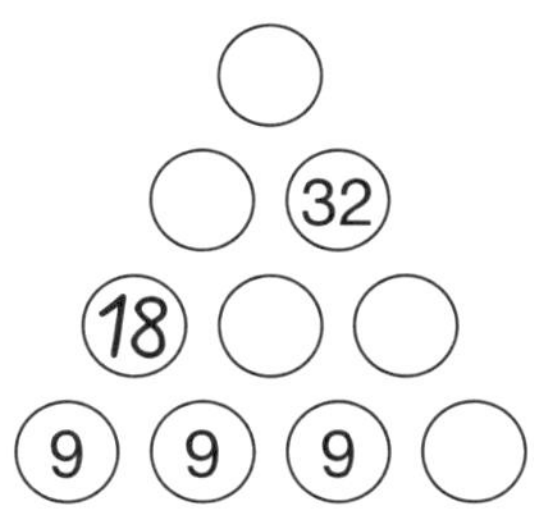

c)

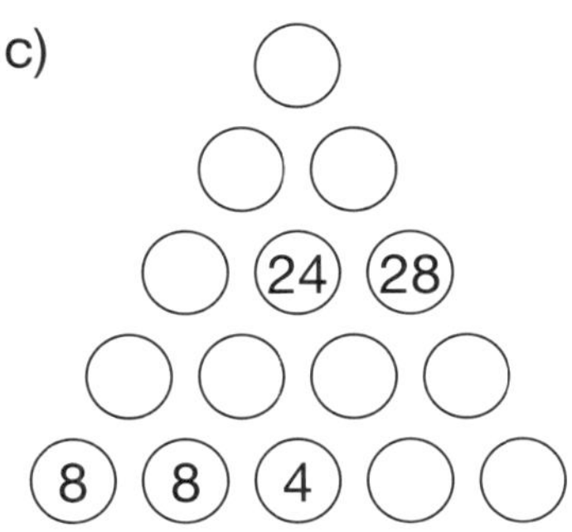

Plus und minus mit Hunderterzahlen

1

5 + ______ ______ ______

2

a) 3 + 4 =
30 + 40 =
300 + 400 =

b) 6 + 2 =

c) 40 + 50 =

d) 20 + 50 =

e) 700 + 200 =

f) 500 + 100 =

3

7 − ______ ______ ______

4

a) 8 − 2 =
80 − 20 =
800 − 200 =

b) 5 − 4 =

c) 90 − 70 =

d) 60 − 40 =

e) 400 − 300 =

f) 800 − 400 =

5

a) **400**

100 + 300
200 +
300 +
1000 −

b) **800**

1000 −
900 −
800 −
400 +

c) **500**

300 +
1000 −

d) **600**

6

a)

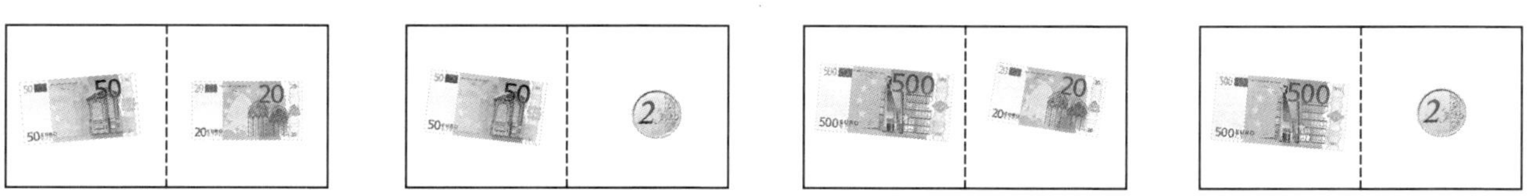

50 € + 20 € = ______ ______ ______

b)

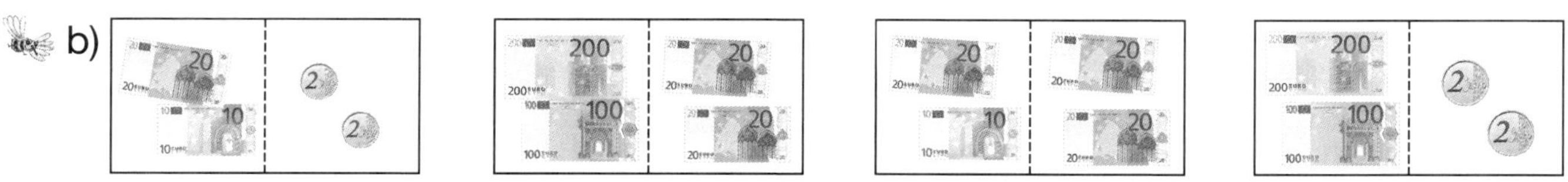

30 € + ______ ______ ______

1 Zeichne die Pfeile ein. Vergleiche die Rechnungen.

a) 46 + 7 = ____

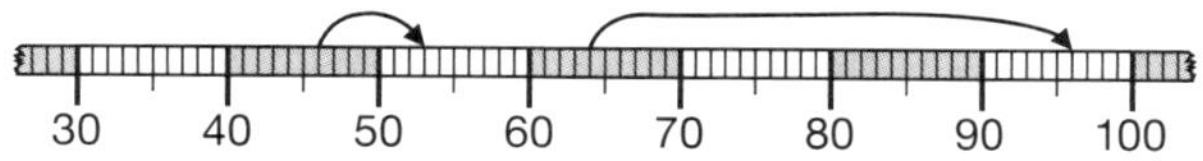

64 + 32 = ____

b) 446 + 7 = ____

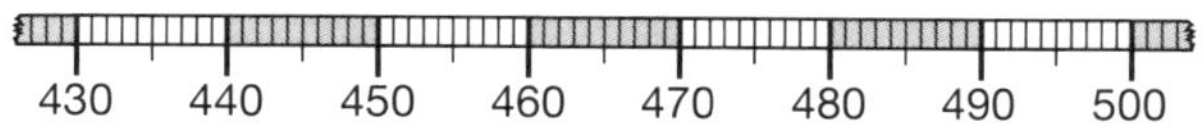

464 + 32 = ____

c) 946 + 7 = ____

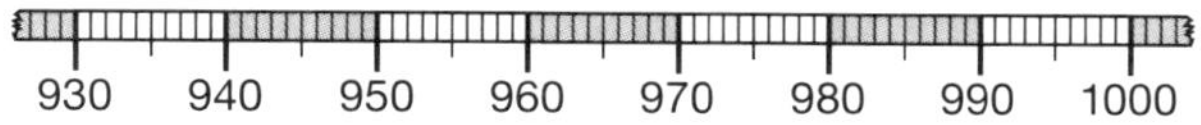

964 + 32 = ____

2 Schreibe noch zwei verwandte Aufgaben in anderen Hundertern auf.

a) 38 + 5 =
438 + 5 =
938 + 5 =
738 + ____
____

b) 64 + 7 =
464 + 7 =
964 + 7 =
____
____

c) 56 + 23 =
456 + 23 =
956 + 23 =
____
____

d) 74 + 12 =
474 + 12 =
974 + 12 =
____
____

3 a) 63 − 9 = ____

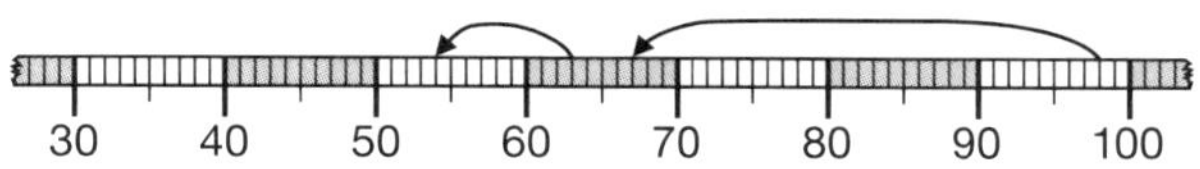

98 − 31 = ____

b) 263 − 9 = ____

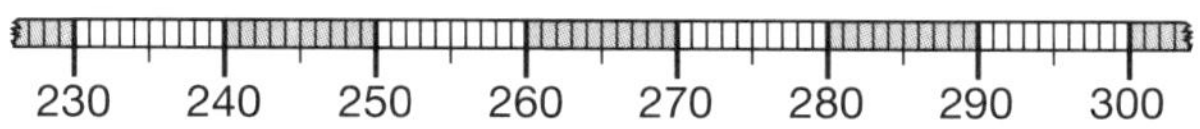

298 − 31 = ____

c) 763 − 9 = ____

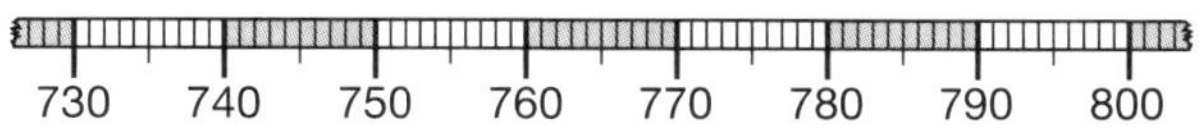

798 − 31 = ____

4 Schreibe noch drei verwandte Aufgaben in anderen Hundertern auf.

a) 45 − 8 =
245 − 8 =
745 − 8 =
445 − ____
____
____

b) 82 − 6 =
282 − 6 =
782 − 6 =
____
____
____

c) 54 − 25 =
254 − 25 =
754 − 25 =
____
____
____

d) 73 − 47 =
273 − 47 =
773 − 47 =
____
____
____

5 a)

+	30	13	34	28	49
346					
946					
715					
515					

b)

−	40	15	36	64	73
489					
889					
692					
292					

Zum Hunderter hin – vom Hunderter weg

1 a)

500
420 +
470 +
460 +
450 +
430 +

b)

500
491 +
495 +
493 +
496 +
492 +

c)

500
482 +
473 +
454 +
425 +
405 +

d)

1000
918 +
946 +
974 +
932 +
965 +

2 Zeichne die Pfeile ein.

a) 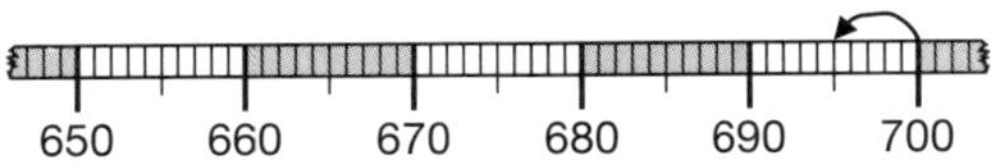

700 – 5 = ☐ 700 – 10 = ☐

700 – 25 = ☐ 700 – 45 = ☐

b) 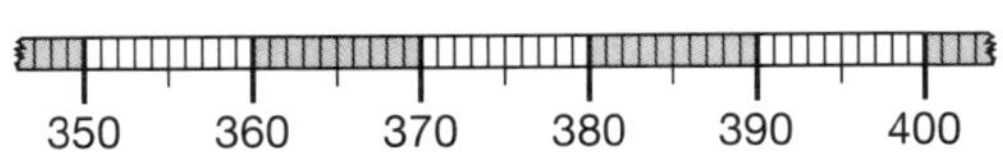

400 – 6 = ☐ 400 – 12 = ☐

400 – 23 = ☐ 400 – 48 = ☐

3 a)

–	8	70	40
300			
700			
1000			

b)

–	48	65	57
500			
400			
800			

c)

–	72		28
200			
900		864	
			572

4 Ergänze zur nächsten Hunderterzahl.

368	139	753	428	647	276	541	66	923	319	406
32										
400	200									

5

grün

829 + ☐ = 900

568 + ☐ = 600

990 + ☐ = 1000

blau

372 + ☐ = 400

894 + ☐ = 900

710 + ☐ = 800

braun

324 + ☐ = 400

664 + ☐ = 700

414 + ☐ = 500

131 + ☐ = 200

756 + ☐ = 800

gelb

675 + ☐ = 700

259 + ☐ = 300

577 + ☐ = 600

369 + ☐ = 400

404 + ☐ = 500

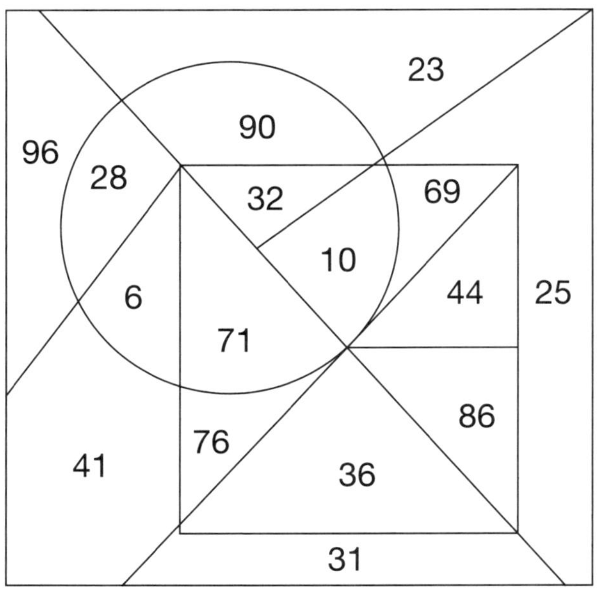

1

895 · 900 | 695 · 700 · 705 | 495 · 500

a) 897 + 5 = ___
895 + 7 = ___
898 + 3 = ___
896 + 8 = ___

b) 696 + 6 = ___
698 + 8 = ___
695 + 9 = ___
699 + 5 = ___

c) 498 + 6 = ___
495 + 8 = ___
496 + 5 = ___
494 + 9 = ___

2

a) 497: +6 → ___, +4 → ___, +7 → ___

b) 796: +5 → ___, +8 → ___, +6 → ___

c) 298: +3 → ___, +5 → ___, +4 → ___

d) 395: +9 → ___, +6 → ___, +5 → ___

3

495 · 500 · 505 | 295 · 300 | 795 · 800 · 805

a) 502 – 4 = ___
504 – 7 = ___
501 – 5 = ___
503 – 8 = ___

b) 303 – 6 = ___
301 – 7 = ___
304 – 9 = ___
302 – 5 = ___

c) 806 – 9 = ___
802 – 7 = ___
804 – 5 = ___
803 – 6 = ___

4

a) 405: –6 → ___, –8 → ___, –7 → ___

b) 903: –7 → ___, –4 → ___, –5 → ___

c) 202: –5 → ___, –7 → ___, –4 → ___

d) 704: –8 → ___, –6 → ___, –9 → ___

5 Male Kärtchen mit demselben Ergebnis gleich an.

604 – 5 | 603 – 7 | 603 – 8 | 601 – 7 | 601 – 5 | 604 – 7

607 – 9 | 603 – 9 | 602 – 5 | 602 – 3 | 600 – 5 | 605 – 7

6 Ordne die Ergebnisse nach der Größe.

a)
896 + 6 R (902) | 895 + 5 E | 899 + 5 P
894 + 7 U | 897 + 8 A | 894 + 9 O

b)
305 – 7 R | 303 – 6 E | 302 – 8 A
304 – 8 Y | 301 – 8 B | 307 – 8 N

Plus und minus – Hunderterüberschreitung

1 Schreibe deinen Rechenweg auf.

a) 360 + 60 = ____ b) 490 + 70 = ____ c) 863 + 80 = ____ d) 238 + 90 = ____

2 Verbinde die Punkte in der Reihenfolge der Ergebnisse.

490 + 50 = ____	468 + 50 = ____
470 + 60 = ____	449 + 70 = ____
430 + 80 = ____	479 + 60 = ____
460 + 40 = ____	485 + 40 = ____
470 + 80 = ____	499 + 21 = ____

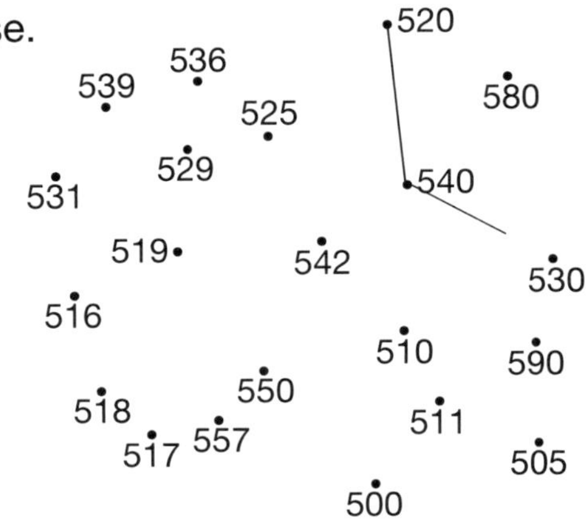

3 Schreibe deinen Rechenweg auf.

a) 940 – 70 = ____ b) 430 – 90 = ____ c) 732 – 50 = ____ d) 518 – 90 = ____

4 Verbinde die Aufgaben jeweils mit dem passenden Ergebnis.

720 – 60 770 – 90 730 – 70 740 – 60 750 – 80

660 670 680

740 – 70 710 – 50 730 – 50 760 – 90 720 – 40

5 a)

+	63	90		87
270				
890			940	
560				

b)

–	40		50	
320				230
415		345		
			790	

6

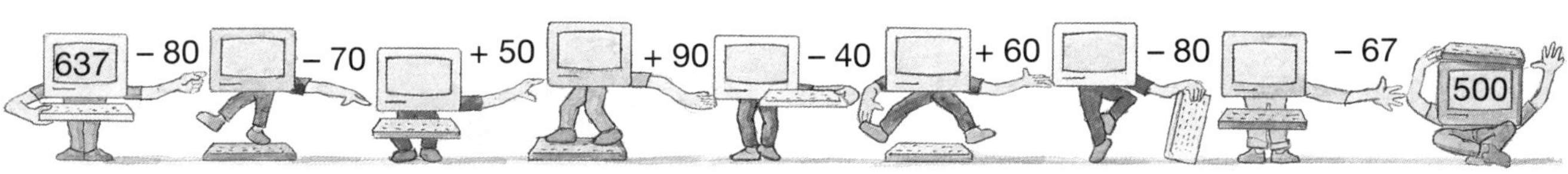

1 a)

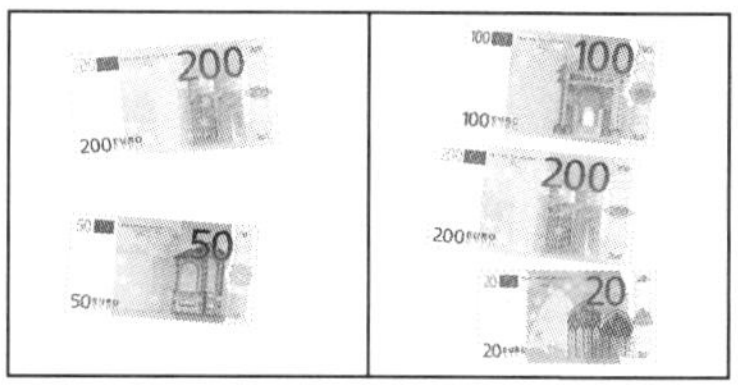

250 € +

b)

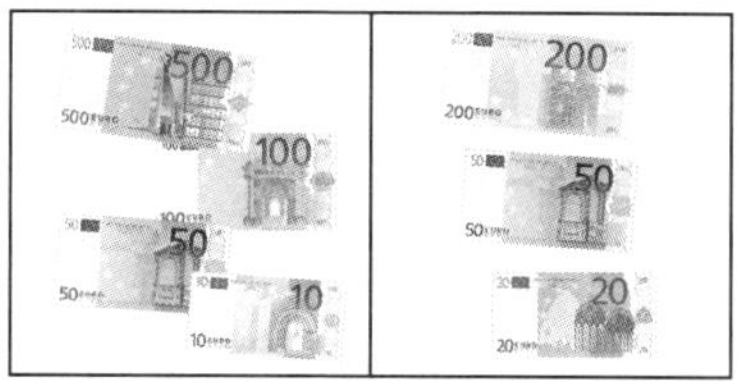

c)

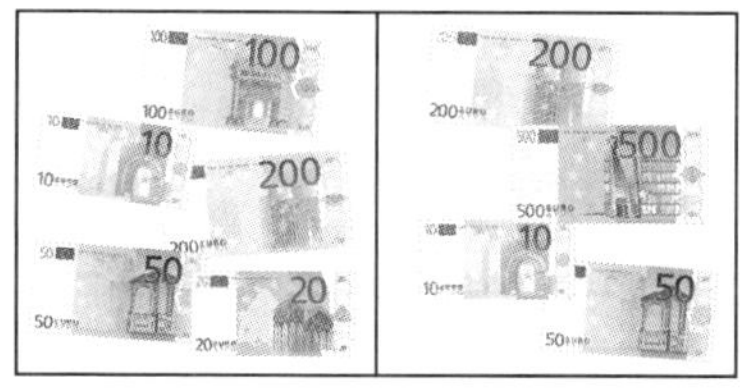

2 Schreibe deinen Rechenweg auf.

a) 530 + 250 = ___ b) 660 + 170 = ___ c) 470 + 480 = ___ d) 340 + 290 = ___

3 a) 760 – 340 = ___ b) 450 – 280 = ___ c) 550 – 390 = ___ d) 920 – 670 = ___

4 Male die Felder mit den Ergebniszahlen an.

a) 220 + 240 = ___
490 + 390 = ___
570 + 280 = ___
160 + 180 = ___
380 + 290 = ___
270 + 170 = ___
290 + 580 = ___
160 + 270 = ___

b) 990 – 210 = ___
720 – 230 = ___
510 – 380 = ___
640 – 460 = ___
1000 – 110 = ___
820 – 590 = ___
430 – 280 = ___
260 – 170 = ___

10	30	40	60	70	80
85	90	130	150	180	190
200	230	250	260	270	290
310	340	350	370	380	400
420	430	440	460	490	510
530	570	620	640	670	680
720	740	760	770	780	810
830	850	870	880	890	900
920	940	950	960	970	980

5 Streiche Aufgaben, die nicht zum Ergebnis passen.

a)

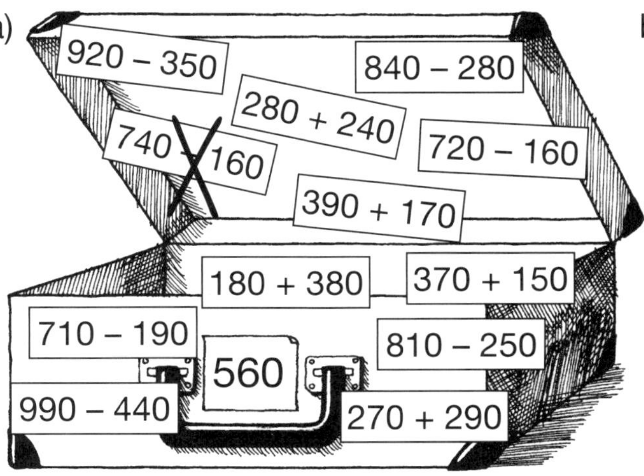

b)

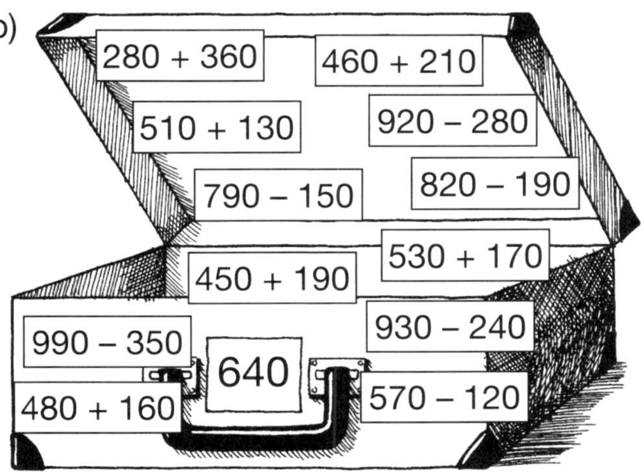

1

rot

380 + 91 =

450 + 82 =

760 + 50 =

blau

823 – 70 =

438 – 60 =

915 – 50 =

braun

340 + 420 =

150 + 210 =

570 + 390 =

280 + 370 =

490 + 250 =

gelb

780 – 360 =

940 – 270 =

810 – 560 =

430 – 170 =

950 – 380 =

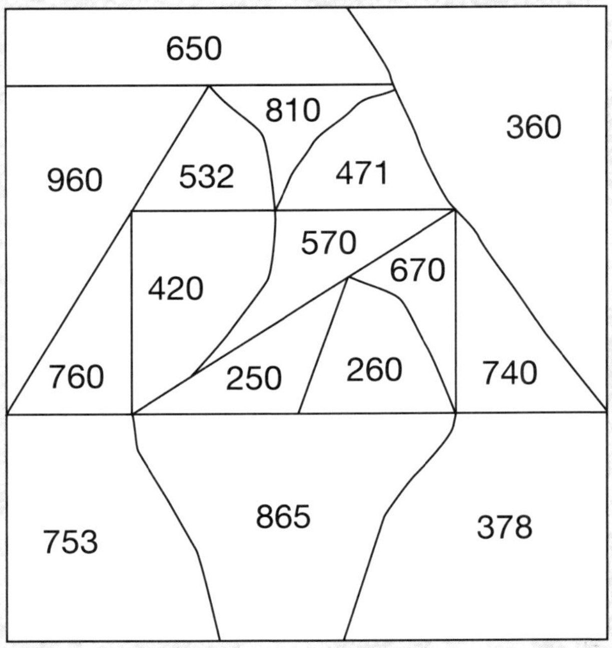

2 a)

b)

3 Setze die Zeichen < > = ein.

a) 460 + 70 ◯ 520
480 + 30 ◯ 520
450 + 70 ◯ 520
490 + 40 ◯ 520

b) 780 – 240 ◯ 530
750 – 470 ◯ 280
730 – 380 ◯ 360
740 – 590 ◯ 130

c) 320 + 450 ◯ 780
680 + 270 ◯ 930
450 + 360 ◯ 810
130 + 580 ◯ 720

4 Kreise passende Zahlen ein.

a) 380 + ☐ < 420

⑤	10	12	20
30	36	40	47

b) 570 + ☐ < 623

19	28	30	47
52	54	69	75

c) 260 + ☐ > 510

110	120	140	150
170	260	320	640

d) 650 – ☐ < 590

30	37	49	51
58	60	68	70

e) 834 – ☐ = 764

50	54	60	66
70	74	80	93

f) 420 – ☐ > 260

60	90	110	120
150	180	240	270

1 Welche Aufgaben kannst du lösen? Male die Aufgabenkästen an und rechne.

Frau Rieser kauft das Puppenhaus und bezahlt mit zwei 200-€-Scheinen. Wie viel bekommt sie heraus?	Der Trafo und die Schienenpackung kosten zusammen mehr als 100 €. Stimmt das?
Christian will sich von seinem Taschengeld 3 Güterwagen kaufen. Reicht das Geld?	Herr Bender kauft den Chemie-Kasten. Er bekommt 10 € heraus. Womit hat er bezahlt?
Lisas Vater will die Dampflok und 2 Wagen zu je 28 € kaufen. Er hat 200 € dabei.	Oma will für Sepp 250 € ausgeben. Sepp möchte das Puppenhaus. Für wie viel Geld kann Oma noch Puppenmöbel kaufen?

2 Schreibe jeweils eine Einkaufsliste, so dass das Geld reicht.

a) 

Seehund 80 €

zusammen ___ €

b) 

zusammen ___ €

c) 

zusammen ___ €

Euro und Cent – Kommaschreibweise

1 Wie viel Geld ist es?

a) 

4 € 60 ct

4,60 €

b) 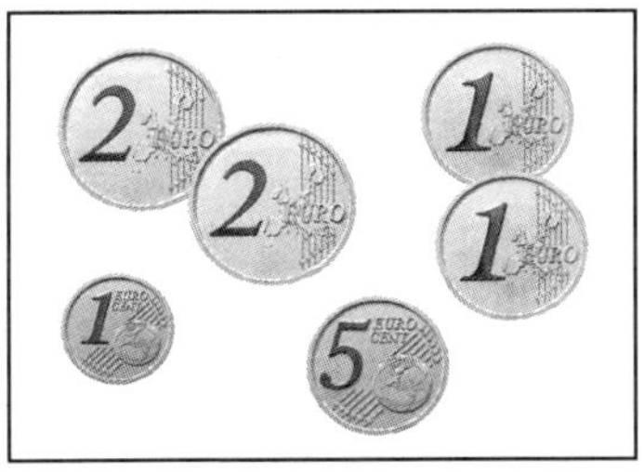

c) 

d) 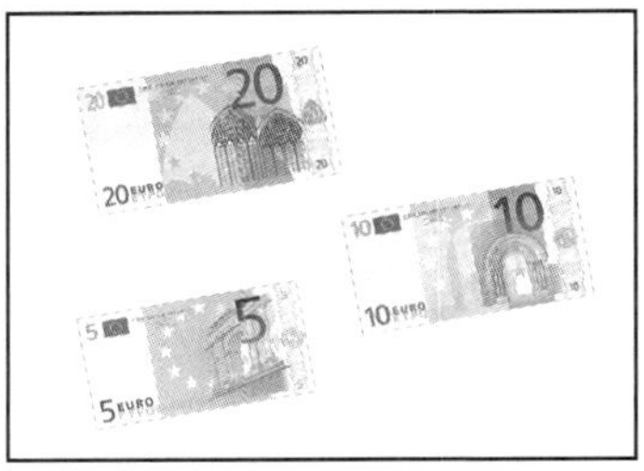

e) 

f) 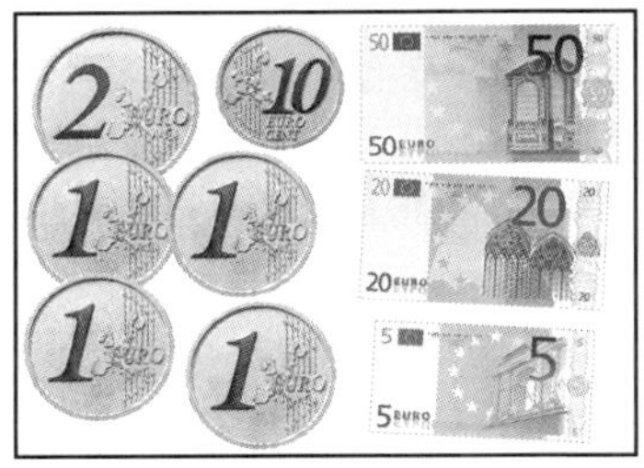

2 Schreibe auf verschiedene Arten.

3 € 10 ct	5 € 48 ct	9 € 5 ct					
310 ct			600 ct	60 ct	6 ct		
3,10 €						7,01 €	9,99 €

3 Wie viel gibt der Automat zurück?

Preis	2,80 €	12,90 €	11,65 €	4,05 €	35,50 €
eingeworfen					
Rückgeld	1,20 €				

0,35 € 0,95 € ~~1,20 €~~ 4,50 € 7,10 €

4 

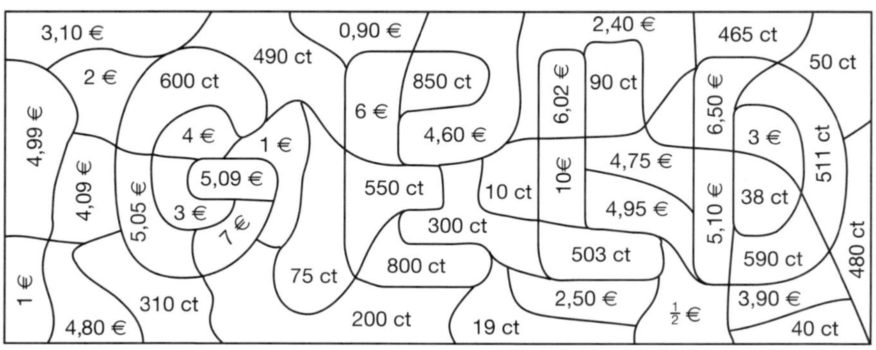

Rechnen mit Geld

zu den Seiten 57 und 58

1 Was gehört zusammen? Verbinde.

Ein Geldbetrag bleibt übrig.

Einzelfahrschein 1,20 €	Bauernhausmuseum Eintritt 4,50 €	**Schreibwaren Götz** BLST 0,70 / H2 0,90 / PR 4,50 / zus. 6,10	**Mineralschwimmbad – Hofen** Eintritt 5,90 €	Streifenkarten Kinder 3,80 €	**Kunstmuseum** 5,75 €

2 Kassenbuch der Mädchen-Fußballgruppe Roth

a) Male Einnahmezettel grün, Ausgabenzettel rot an.

b) Fülle das Kassenbuch aus.

20.3.
Jahreseinzahlung von 10 Kindern je 2 €

27.3.
Einnahmen vom Ostermarkt 75 €

12.4.
Kosten für Plakate Meisterschaftsspiel 52 €

1.4.
Einkauf für die Osterparty 18 €

15.4.
Elternspende 30 €

Startgeld Turnier in Mosing
30.3. 15 €

Datum	Einnahmen	Ausgaben	Bestand
15.3.	–	–	40 €
20.3.		–	

3 Wie viel bekommt man zurück?

Preis	0,75 €	1,20 €	2,80 €	6,25 €	1,90 €	1,90 €
gegeben						
Rückgeld	0,25 €					

4 Was stimmt? Kreuze an.

3 € kann ich mit zwei Münzen bezahlen.

Um 3,70 € zu legen brauche ich mehr als drei Münzen.

80 ct kann ich mit 2 Münzen legen.

Wenn ich 5 € gebe und 1,50 € bezahlen muss, kann ich 3 Münzen zurückbekommen.

Ich habe eine Münze gegeben und 5 Münzen zurückbekommen. Ich habe mehr als 1,95 € bezahlt.

1 Wie viel fehlt noch?

1 km ≙ 1000 m

a)		b)		c)	
500 m +	= 1 km	200 m +	= 1 km	900 m +	= 1 km
600 m +	= 1 km	250 m +	= 1 km	985 m +	= 1 km
400 m +	= 1 km	100 m +	= 1 km	700 m +	= 1 km
450 m +	= 1 km	150 m +	= 1 km	760 m +	= 1 km
550 m +	= 1 km	50 m +	= 1 km	768 m +	= 1 km

2 Schritte und Meter – ergänze die Tabelle.

Schritte	25	50	100	150	200	250	300	400	500	1000
Meter	20									

3 a)

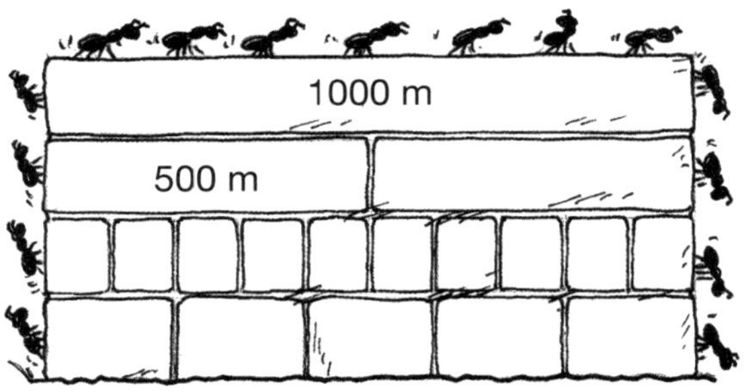

b)

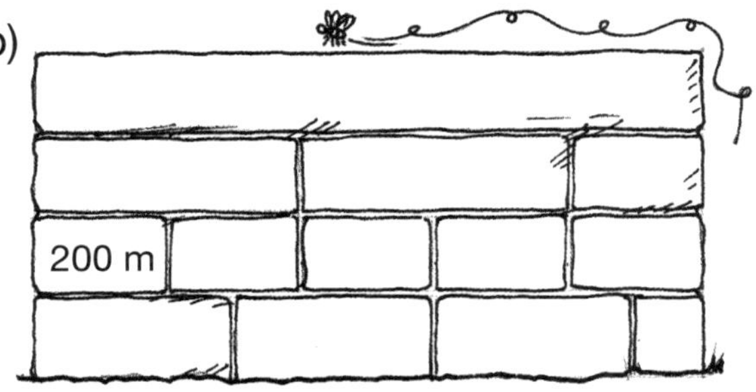

c)

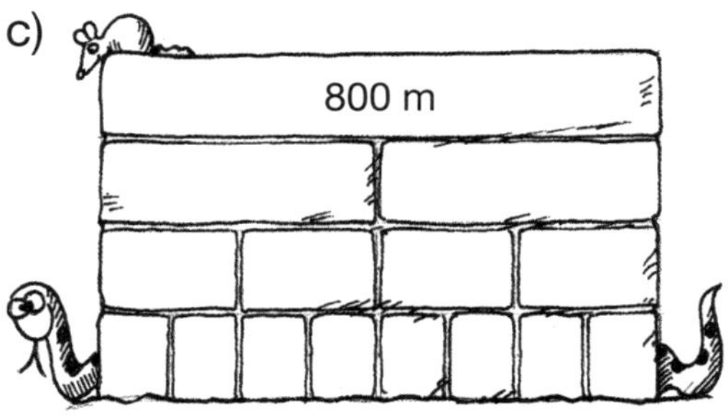

d)

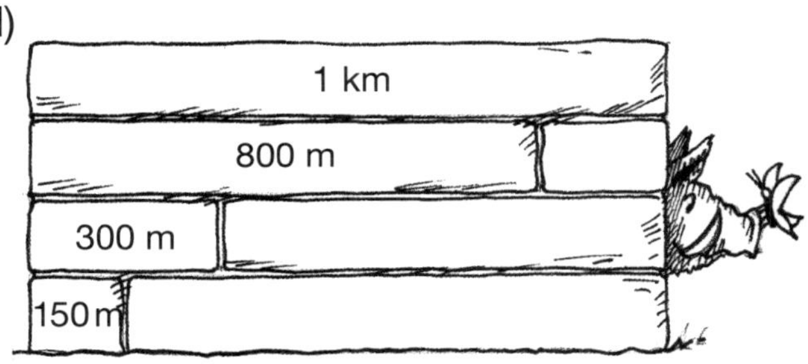

4 Male an.

41 : 8	36 : 5	28 : 9	29 : 5	40 : 6	37 : 9	49 : 6	33 : 4
37 : 6	19 : 6	39 : 7	27 : 4	33 : 6	40 : 9	43 : 7	28 : 3
21 : 5	22 : 9	27 : 5	43 : 8	53 : 10	27 : 5	12 : 8	17 : 2
28 : 8	18 : 4	33 : 10	44 : 5	40 : 9	38 : 5	20 : 6	25 : 7
19 : 2	16 : 6	14 : 3	27 : 6	21 : 9	20 : 3	44 : 5	10 : 3
22 : 3	22 : 7	34 : 5	19 : 4	31 : 7	28 : 6	43 : 6	17 : 4
17 : 4	33 : 8	51 : 10	34 : 10	20 : 8	49 : 8	41 : 5	25 : 6

Meter und Zentimeter – Kommaschreibweise

1 Wie viele m und cm? Schätze zuerst.

	geschätzt	gemessen
Höhe der Tür		
Breite der Tür		
Höhe eines Fensters		
Breite eines Fensters		
Höhe des Schranks		
Breite des Schranks		

2 Welche Längen sind gleich? Male mit gleicher Farbe an.

Denk dran: 1 m = 100 cm!

8 m 30 cm · 380 cm · 8,03 m · 803 cm · 0,83 m · 8,30 m · 3 m 80 cm · 8 m 13 cm · 3,80 m · 8 m 3 cm · 830 cm · 83 cm

Du brauchst 4 Farben, 1 Kärtchen bleibt übrig.

4,25 m · 5,04 m · 5,40 m · 5 m 4 cm · 425 cm · 14,25 m · 504 cm · 4,20 m · 420 cm · 520 cm · 14 m 25 cm · 4 m 25 cm · 4 m 20 cm

Du brauchst 4 Farben, 2 Kärtchen bleiben übrig.

3 Schreibe auf verschiedene Arten.

a)

7 m 16 cm	5 m 98 cm	1 m 3 cm				
716 cm			448 cm	909 cm		
7,16 m					0,53 m	0,04 m

b)

8,25 m	4,18 m	0,35 m				
825 cm					9 cm	250 cm
8 m 25 cm			1 m 9 cm	2 m		

4

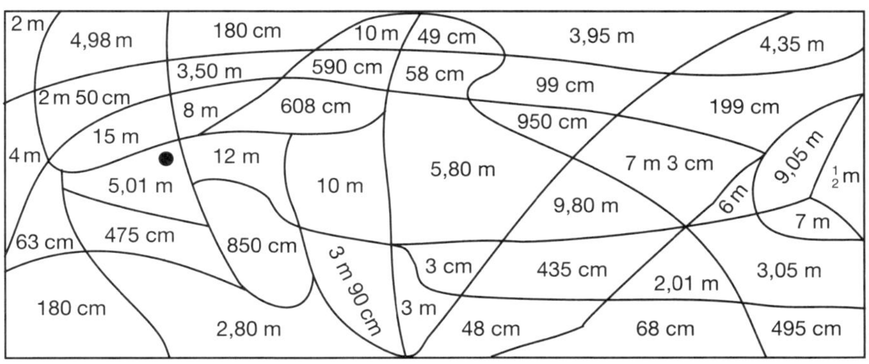

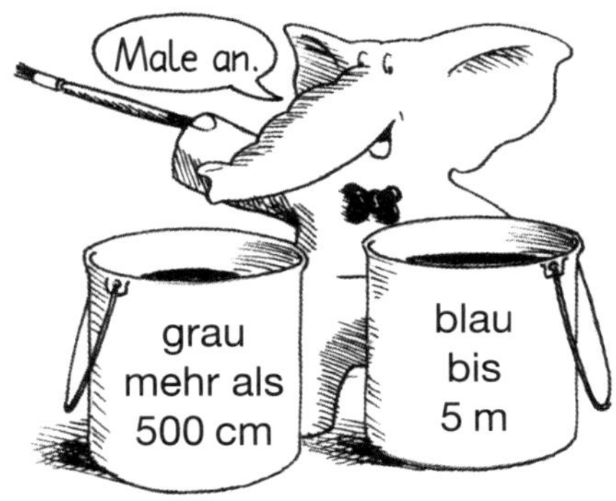

Millimeter, Zentimeter und Meter

zu den Seiten 61 und 62

1 Wie lang sind die Strecken?

a) 4 cm 5 mm
45 mm

b)

c)

d)

e)

f)

g)

2 Carolin hat die Länge der Schlüssel gemessen.
Kannst du feststellen, wo die Schlüssel passen? Beschrifte richtig.

Schlüssel-Länge	
Haustür	56 mm
Schuppen	106 mm
Kinderzimmer	72 mm
Fahrrad	44 mm
Auto	69 mm
Briefkasten	49 mm

3 Zeichne die angegebenen Strecken.

a) 9 cm

b) 9 mm

c) 7 cm 5 mm

d) 10 cm 2 mm

e) 25 mm

f) 3 cm 9 mm

g) 0,12 m

4 Welche Längen sind gleich? Male mit gleicher Farbe aus.

0,50 m	250 mm	0,25 m	250 cm	200 mm	20 cm	2,50 m
500 mm	50 cm	25 cm	2 m 50 cm	5 cm 2 mm	52 mm	

1 Setze die Muster fort.

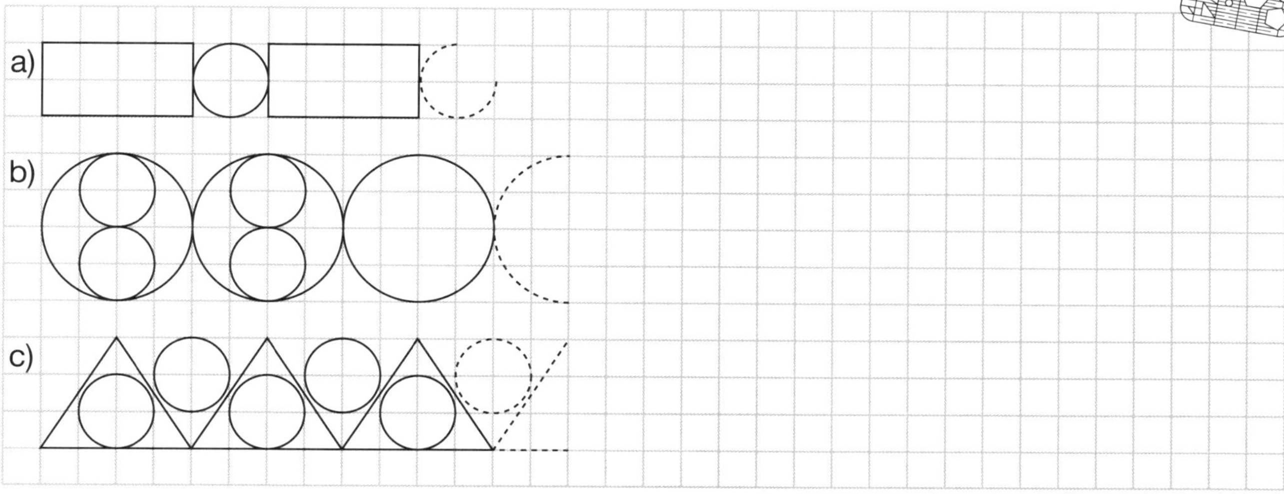

2 Wie lang und wie breit ist jedes Rechteck? Wie viele Plättchen passen hinein? Zeichne.

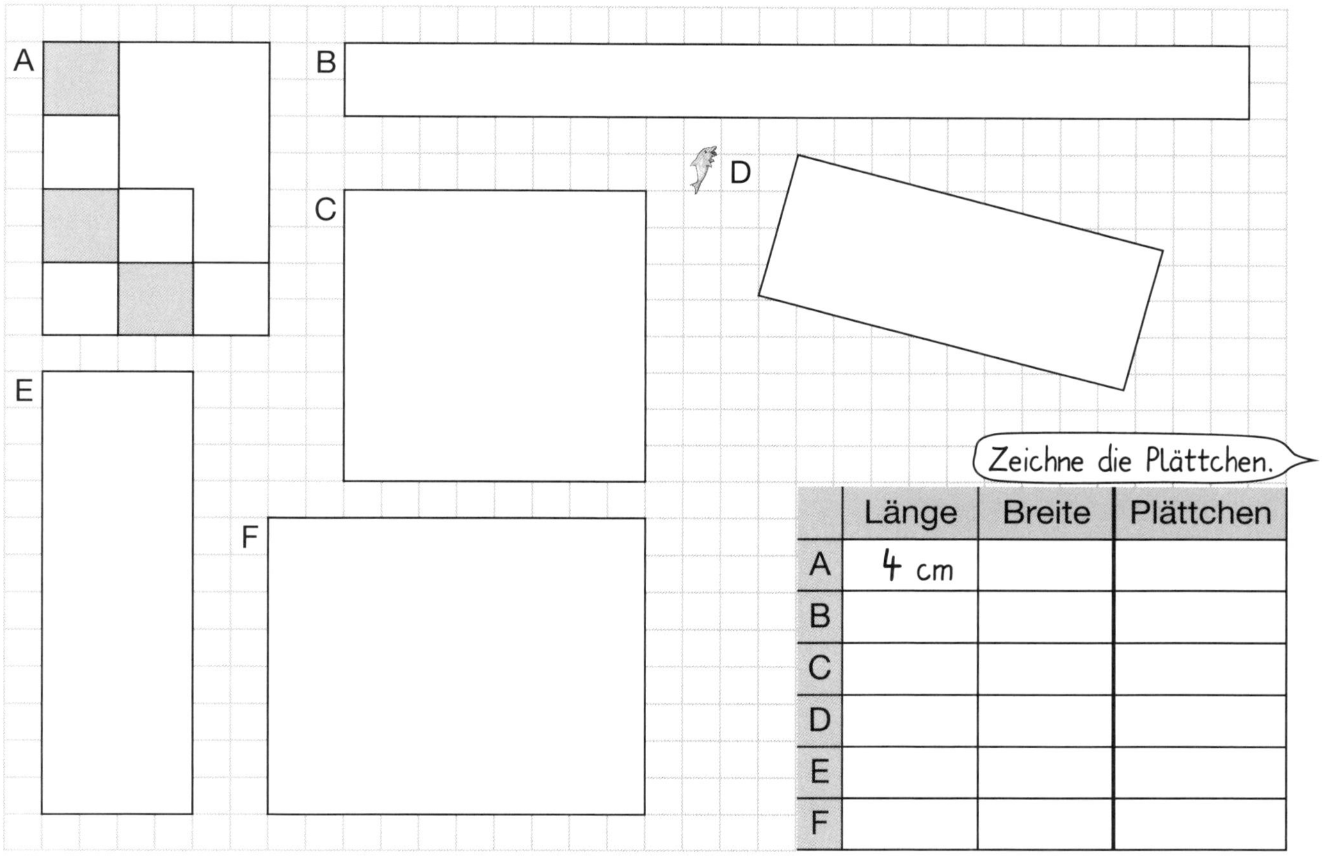

	Länge	Breite	Plättchen
A	4 cm		
B			
C			
D			
E			
F			

3 Zeichne Rechtecke.

A Länge 6 cm
Breite 1 cm

B Länge 40 mm
Breite 20 mm

C Länge 45 mm
Breite 30 mm

1 Ergänze symmetrisch. Prüfe anschließend mit dem Spiegel.

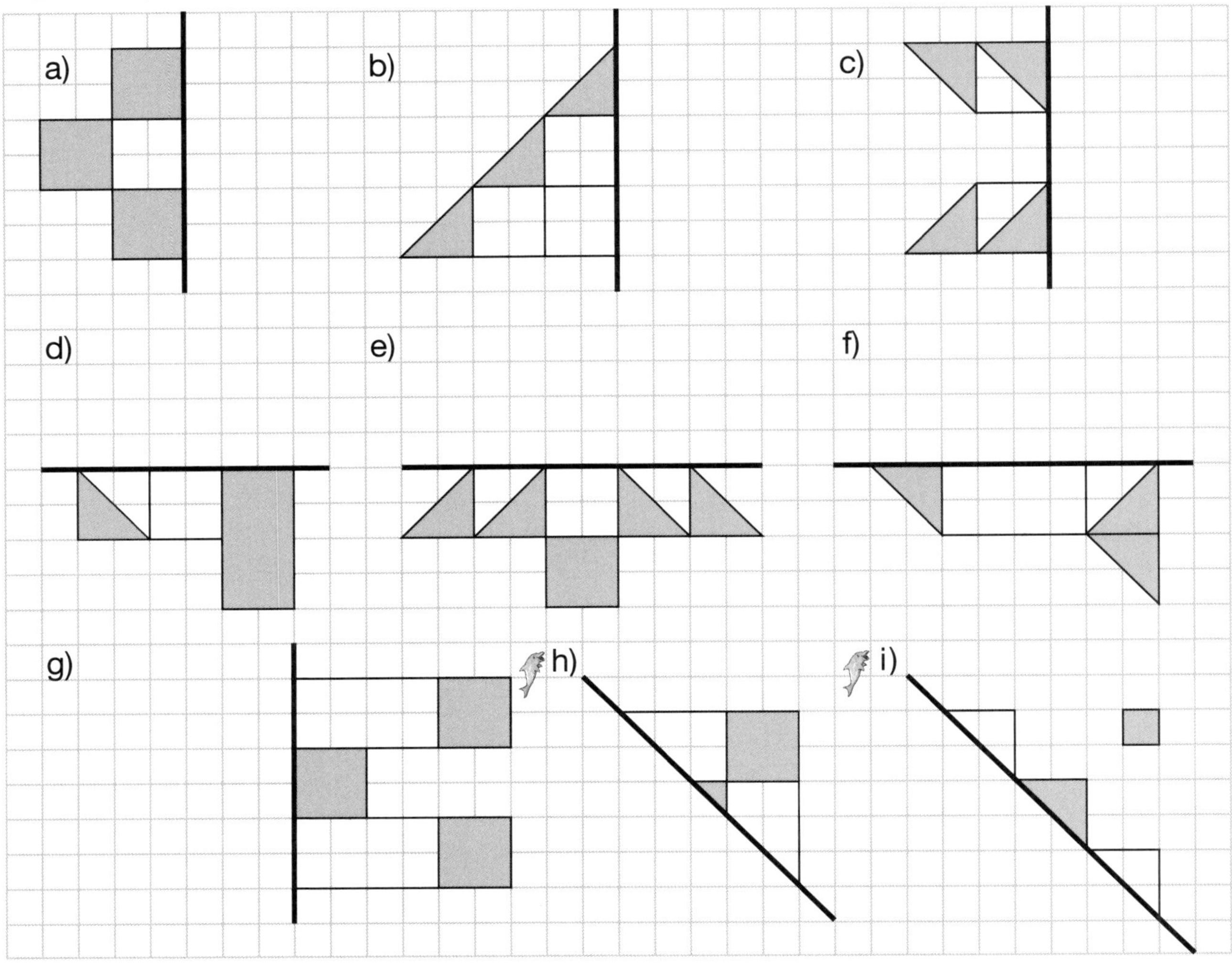

2 Ergänze die Figuren symmetrisch. Male sie an.

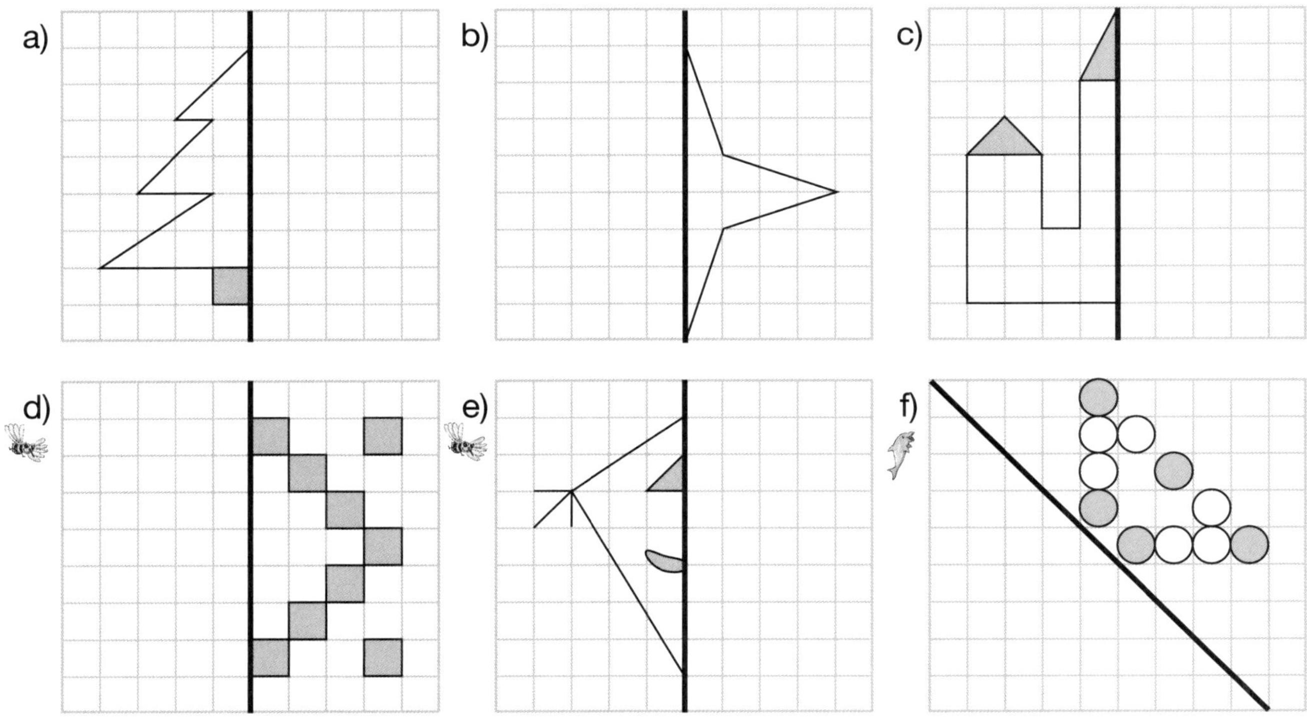

zu Seite 68

1 Zeichne Symmetrieachsen ein.

Welche Verkehrszeichen haben mehrere Symmetrieachsen? A, ____________________

2 Zeichne, wo möglich, Symmetrieachsen ein. Prüfe mit dem Spiegel.

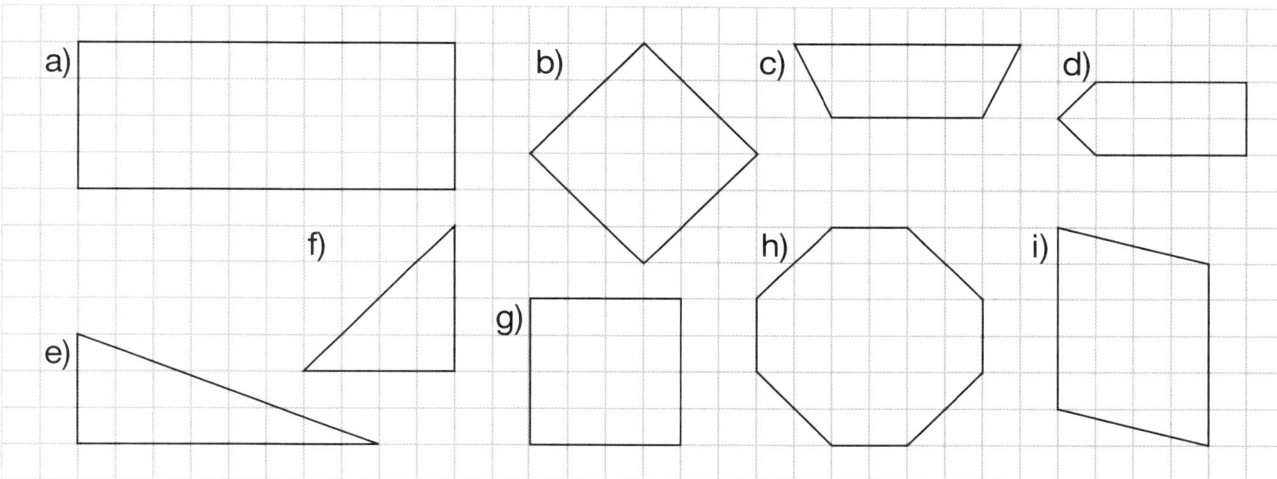

Insgesamt sind es 17 Symmetrieachsen.

3 a) Zeichne Symmetrieachsen ein.

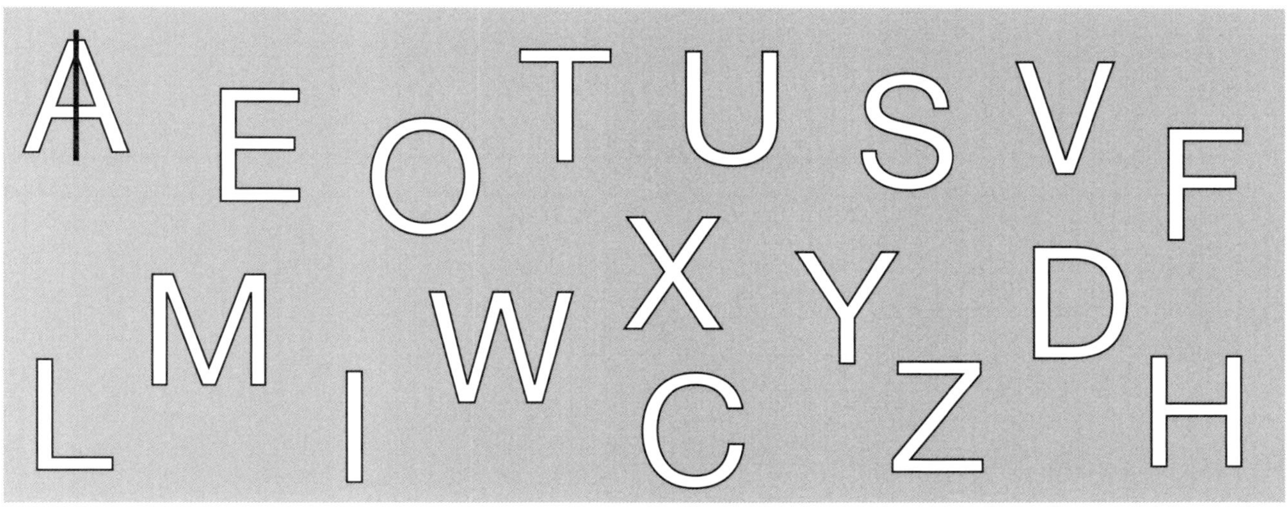

b) Welche Buchstaben haben mehrere Symmetrieachsen? ____________________

Der rechte Winkel

1 Wo siehst du in der Zeichnung rechte Winkel?
Prüfe mit dem Faltwinkel.

2 a) Kennzeichne die rechten Winkel.
b) Zeichne die Figuren A und B nach.

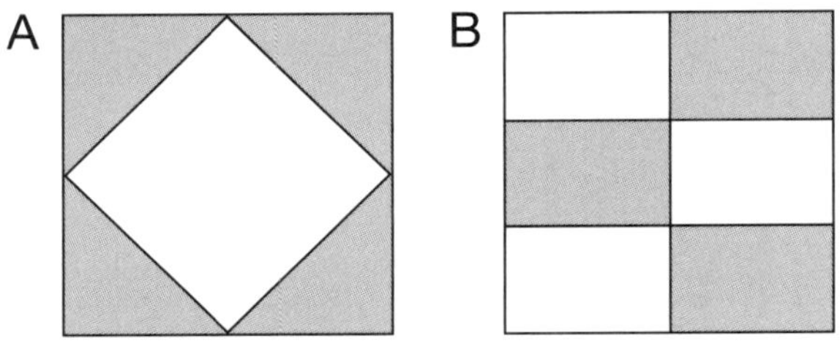

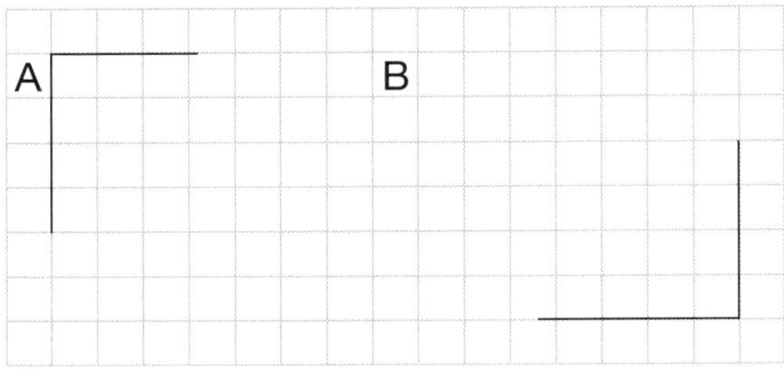

3 Zeichne weiter. Benutze nur rechte Winkel. Zeichne diese ein.

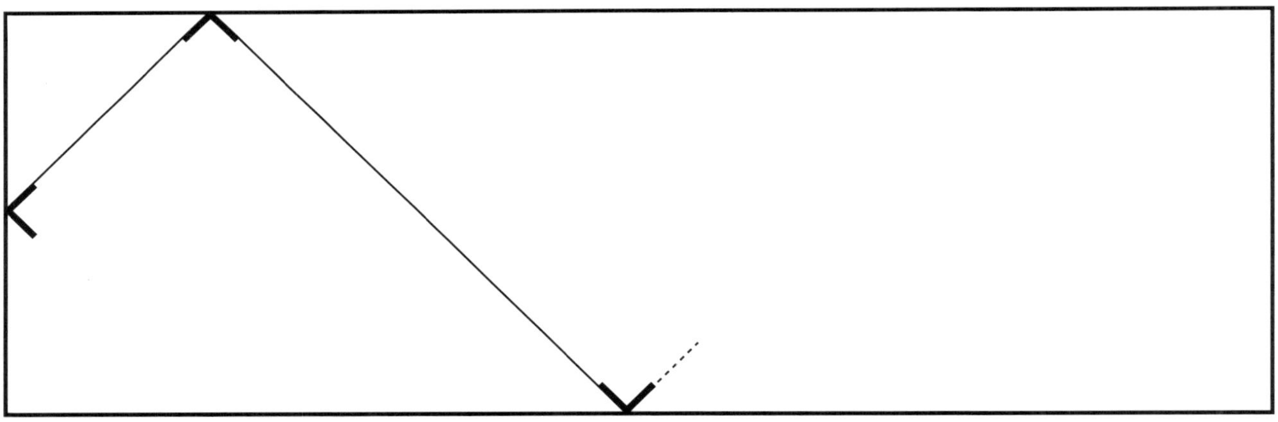

Schriftlich rechnen – plus

zu den Seiten 71 und 72

1

a)	b)	c)	d)	e)
H Z E	H Z E	H Z E	H Z E	H Z E
4 5 3	1 3 4	2 5 1	7 0 6	6 1 0
+ 5 1 4	+ 7 4 1	+ 6 2 8	+ 2 8 3	+ 3 0 5

875 879 915 967 989

Male dieselben Ergebnisse mit der gleichen Farbe an.

2 Immer zwei Aufgaben haben dasselbe Ergebnis.

a)	b)	c)	d)	e)
H Z E	H Z E	H Z E	H Z E	H Z E
5 1 7	1 1 5	6 0 5	6 7 5	1 0 9
+ 4 3 5	+ 4 0 8	+ 8 5	+ 2 1 7	+ 4 2 5

f)	g)	h)	i)	j)
H Z E	H Z E	H Z E	H Z E	H Z E
4 5 3	2 0 7	6 2 8	4 6	3 1 9
+ 4 3 9	+ 3 2 7	+ 3 2 4	+ 6 4 4	+ 2 0 4

3 a) 529 + 268 b) 684 + 73 c) 462 + 395 d) 836 + 157 e) 84 + 624

708 757 797 857 993

4 Rechne schriftlich. Ordne die Ergebnisse nach der Größe.

361 + 487 S | 675 + 292 L | 247 + 592 Ä | 534 + 371 E | 652 + 163 R | 483 + 364 T

5 Verbinde die Punkte in der Reihenfolge der Ergebnisse.

4 7 3	5 4 6	3 9 4	6 6 2	2 8 7
+ 3 8 9	+ 2 7 5	+ 4 2 9	+ 1 4 8	+ 4 9 6

857 862 821 826 841 834 823 792 812 817 810 783

Schriftlich rechnen – plus

1

Es nehmen teil:

Kindergarten:	67 Kinder
Erste und zweite Klassen:	146 Kinder
Dritte und vierte Klassen:	129 Kinder

Rechnung:

Frage: ______________________

Antwort: ______________________

2

a)	b)	c)	d)	e)
363	406	105	99	418
261	426	83	269	186
+ 363	+ 56	+ 601	+ 508	+ 395

f)	g)	h)	i)	j)
317	298	186	77	322
155	120	347	591	96
+ 194	+ 38	+ 22	+ 331	+ 26

Auffällige Ergebnisse.

3 Zwei Ergebnisse sind falsch. Rechne die beiden Aufgaben richtig.

a)	b)	c)	d)	e)
246	471	563	245	684
+ 385	+ 449	+ 188	+ 567	+ 238
631	821	751	812	812

4 Zähle immer wieder die gleiche Zahl dazu.

	→	→	→	→
65	252			
+ 187	+ 187	+ 187	+ 187	+ 187
252				1000

5 Ergänze die fehlenden Ziffern.

a)	b)	c)	d)	e)
23_	5_8	_59	19_	_33
+ 6_8	+ _59	+ 2_	+ _68	+ 4_6
_63	73_	2_2	7_7	78_

f)	g)	h)	i)	j)
364	2_4	42_	_50	203
1_2	31_	__3	324	342
+ _4_	+ _69	+ 245	+ 41_	+ ___
739	995	791	9_9	691

Schriftlich rechnen mit Kommazahlen – plus

zu Seite 75

1

Inline-Skaters	Puzzle	Spielesammlung	CD	Fensterfarben	Springseil
85,99 €	12,57 €	25,55 €	8,75 €	14,66 €	9,99 €

a) Ellen bekommt die Fensterfarben und die Spielesammlung.
b) Georg möchte die Inline-Skaters und das Springseil.
c) Alex wünscht sich das Puzzle und die CD.
d) Ludwig hätte gerne das Springseil und die Fensterfarben.
e) Johanna will die Spielesammlung und die Inline-Skaters.
f) Leopold möchte die CD und das Puzzle.

Wie hoch ist jeweils der Gesamtpreis?

a) 14,66 €
\+
b)
c)
d)
e)
f)

2

a)	b)	c)	d)
1,22 €	7,24 €	10,36 €	1,12 €
3,42 €	0,55 €	8,89 €	7,36 €
+ 5,15 €	+ 2,18 €	+ 12,51 €	+ 43,58 €

3 Schreibe untereinander und rechne schriftlich.

a) 12,81 € + 5,17 €
b) 4,98 € + 13,75 €
c) 24,09 € + 2,69 € + 72,15 €
d) 5,09 € + 0,79 € + 33,78 €

a) 12,81 €
b)
c)
d)

17,98 € 18,73 € 39,66 € 98,93 €

4 Schreibe jeweils als Kommazahl und rechne schriftlich.

a)	b)	c)	d)	e)
24 € 9 ct	5 € 75 ct	89 ct	76 €	18 € 88 ct
7 € 17 ct	89 € 1 ct	36 € 99 ct	9 € 65 ct	47 € 7 ct

24,09 €
\+

1 Auf Seite 73 findest du ein Würfelnetz.
Lasse es auf dünnen Karton kopieren und
bastle daraus einen Würfel.

2 Ergänze immer die leere Fläche des Würfels.

a) 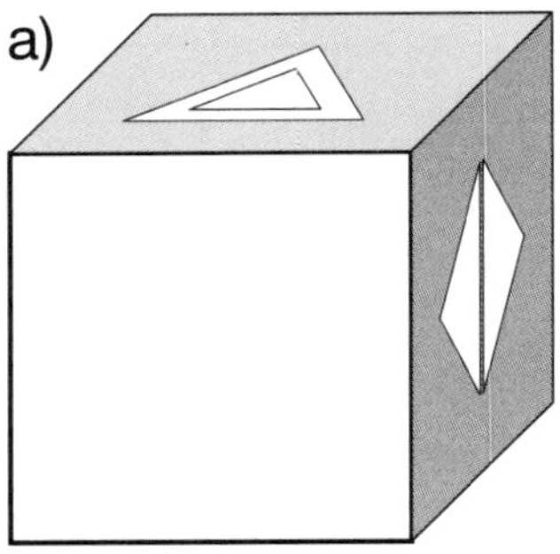

b) 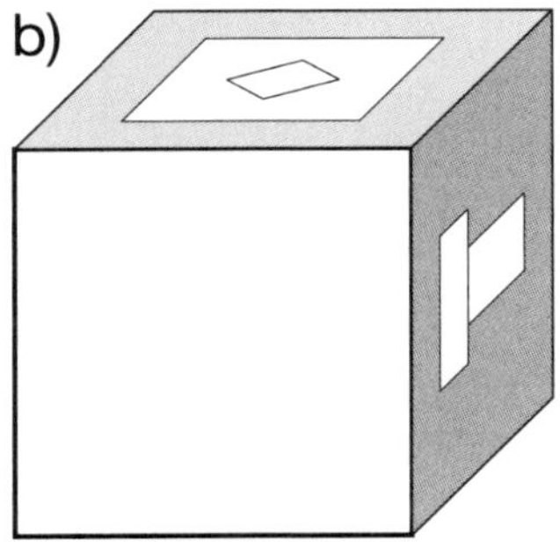

c) 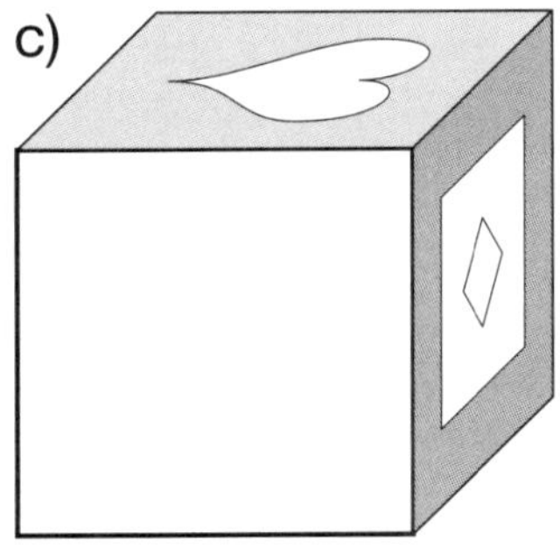

d) 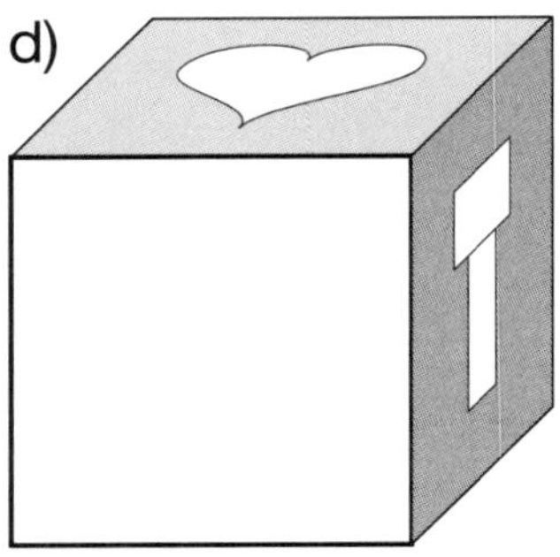

e) 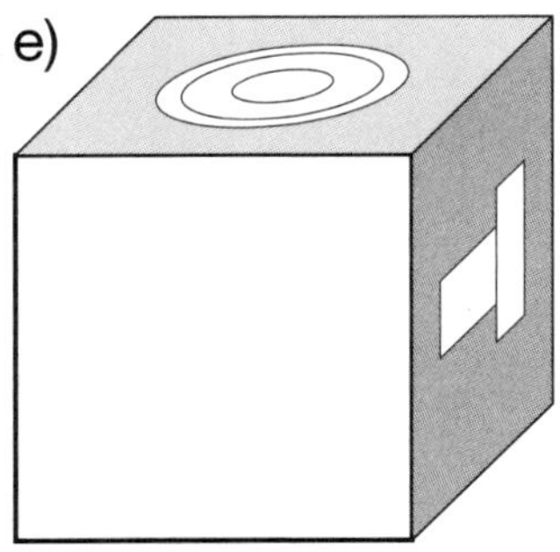

f) 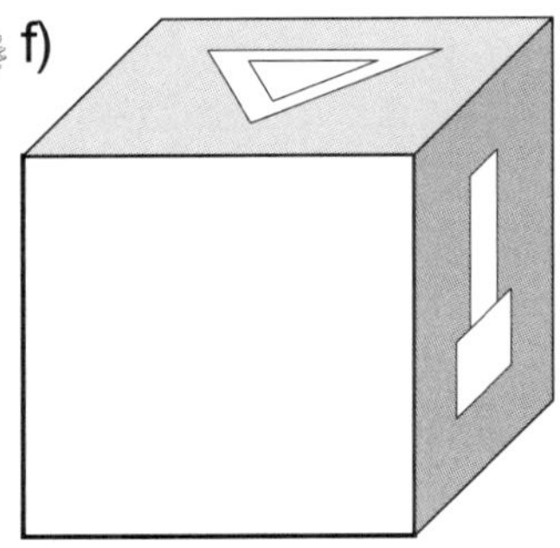

3 Ergänze zu Würfelnetzen. Trage die restlichen Symbole ein.

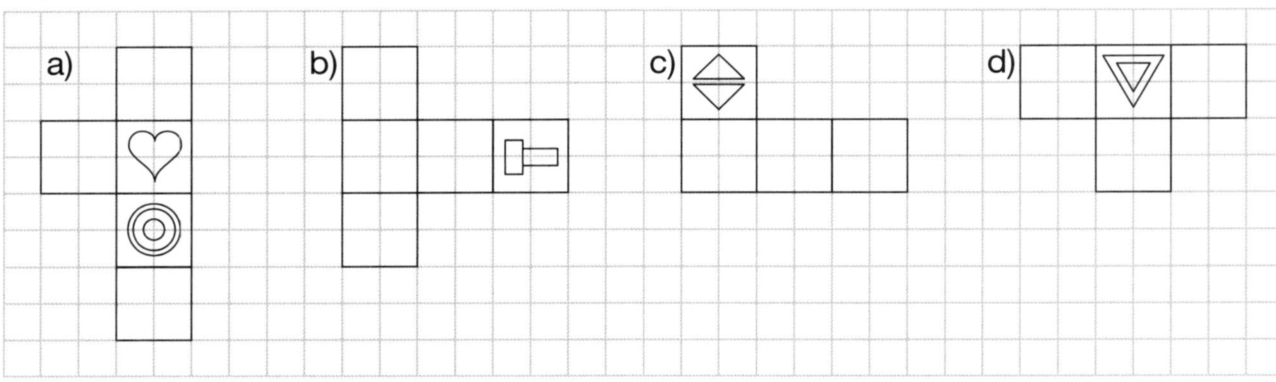

4 Stelle den Würfel hin und kippe ihn nach Vorschrift.
Zeichne die fehlenden Flächen ein.

a) 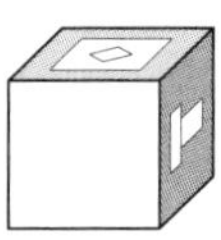 r – o – r – r – o 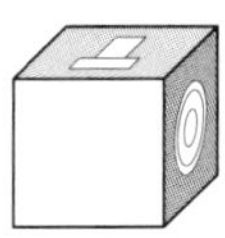

b) 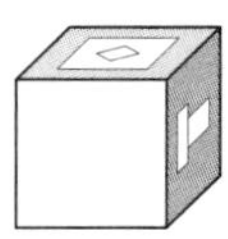 u – u – r – r – o 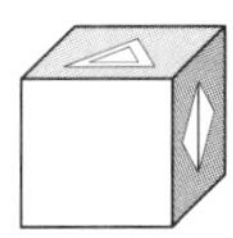

c)  o – o – o – o – r 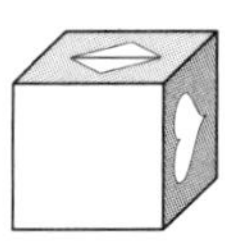

d)  u – u – u – u – r 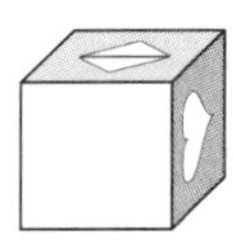

zu den Seiten 78 und 79

1

a) 200, 250, 300, ___, ___, ___, ___, ___

b) 775, 800, 825, ___, ___, ___, ___, ___, ___

c) 100, 190, 280, ___, ___, ___, ___, ___, ___

d) ___, ___, ___, ___, ___, ___, ___, 900, 950, 1000

e) ___, ___, ___, ___, 160, 180, 200

f) ___, ___, 600, 900

2 Wie geht es weiter?

a) 0 →(+ 20) ☐ →(+ 40) ☐ →(+ 60) ☐ →(+ ___) ☐ →(+ ___) 300

b) 1000 →(– 100) ☐ →(– 90) ☐ →(– 80) ☐ →(– ___) ☐ →(– ___) 600

c) 460 →(– 100) ☐ →(+ 20) ☐ →(– 100) ☐ →(+ ___) ☐ →(– ___) 200

3 Welche Zahlen sind gesucht?

a)
1. Spur: größer als 400
2. Spur: kleiner als 500
3. Spur: Zehnerzahl

___

b)
1. Spur: zwischen 800 und 900
2. Spur: 6 an der Zehnerstelle
3. Spur: gerade Zahl

___

c)
1. Spur: 3 Hunderter
2. Spur: doppelt so viele Zehner wie Einer

___

4 Suche passende Geteiltaufgaben mit 3.

Rest 0	Rest 1	Rest 2
21 : 3	☐	☐
☐	☐	☐
☐	☐	☐
☐	☐	☐
☐	☐	☐
☐	☐	☐

1

	a)	b)	c)	d)	e)
H Z E	685 − 342	768 − 237	957 − 543	894 − 471	546 − 22

	f)	g)	h)	i)	j)
H Z E	943 − 741	564 − 104	758 − 57	473 − 462	605 − 302

11 202 303 343 414 423 460 524 531 701

2

	a)	b)	c)	d)	e)
H Z E	841 − 619	974 − 419	762 − 318	551 − 18	672 − 327

3 Schreibe untereinander und rechne schriftlich.

a) 482 – 265 b) 780 – 463 c) 631 – 328 d) 394 – 167 e) 953 – 629

482
−

217 227 303 317 324

4 Was gehört zusammen?
Male mit der gleichen Farbe an.

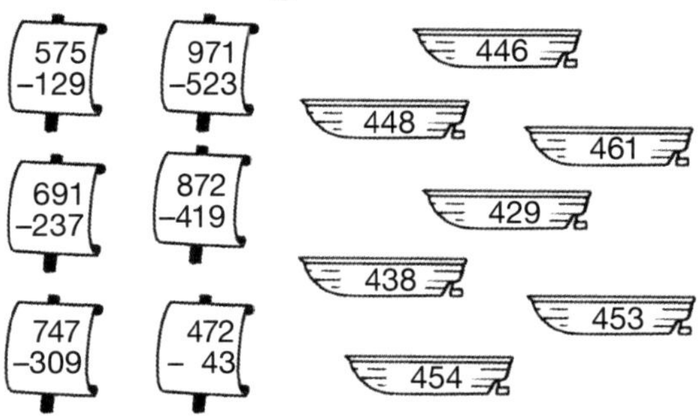

575
−

5 Verbinde die Punkte in der Reihenfolge der Ergebnisse.

682 − 347	574 − 265	783 − 406	860 − 514	916 − 609

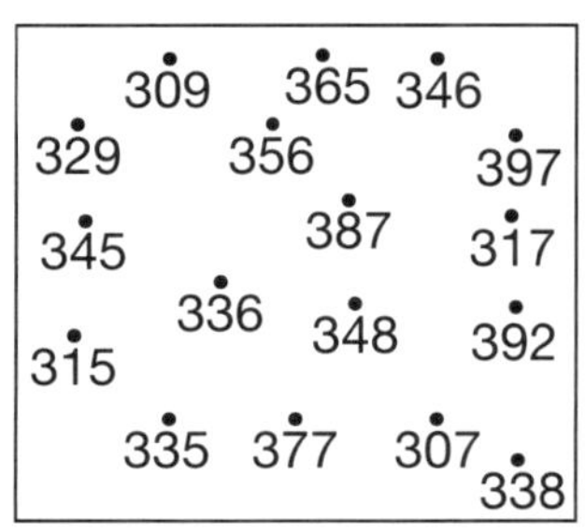

1

a) 638 − 276	b) 917 − 325	c) 549 − 267	d) 905 − 864	e) 742 − 92
f) 429 − 160	g) 908 − 747	h) 763 − 91	i) 548 − 273	j) 859 − 369

41 161 269 275 282 362 490 592 650 672

2 Bilde jeweils die größtmögliche und die kleinstmögliche Zahl. Rechne schriftlich.

962
− 269

a) 8, 5, 3	b) 7, 1, 9	c) 4, 6, 7	d) 5, 3, 1
e) 2, 4, 8	f) 1, 2, 7	g) 7, 5, 6	h) 9, 4, 5

3 Was gehört zusammen? Male mit der gleichen Farbe an.

620 − 183	825 − 489
411 − 177	704 − 259
512 − 356	934 − 692

437 234 183 156 242 445 336

4

a) 912 − 147 → − 147 → − 147 → − 147 → − 147

b) 944 − 165 → − 165 → − 165 → − 165 → − 165

1 Rechne zuerst eine Minusaufgabe und dann die dazugehörige Umkehraufgabe.

457 − 269	532 − 358	945 − 467	723 − 576	624 − 195		

478 +	174 +	147 +	429 +	188 +

2

a) 642 − 307 = ▢35	b) ▢1▢ − 435 = 379	c) 42▢ − 2▢7 = 162	d) ▢90 − 23▢ = 1▢1	e) 706 − ▢5▢ = 247

3

a) 903 − 467	b) 701 − 378	c) 804 − 539	d) 605 − 286	e) 502 − 143

265 319 323 359 436

4

a) 400 − 231	b) 800 − 517	c) 600 − 46	d) 900 − 529	e) 1000 − 753

169 247 283 371 554

5 Bilde so viele Minusaufgaben wie möglich.

903 804 678 505 386

903 − 804	903 − 678	−	−
804 −	−	−	
−	−	−	

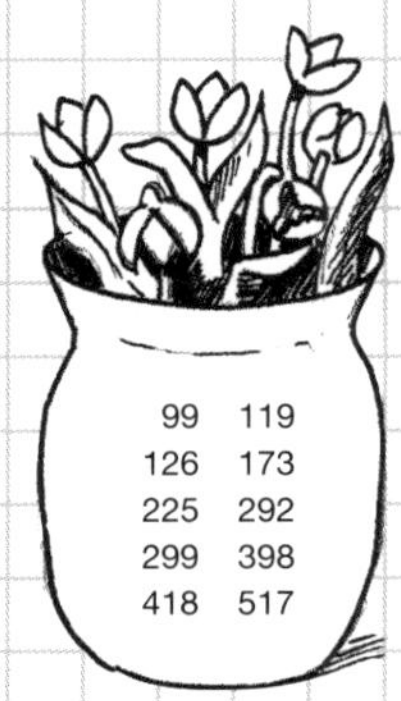

Schriftlich rechnen mit Kommazahlen – minus

zu Seite 85

1

Frau Lustig bezahlt an der Kasse mit einem 50-Euro-Schein.

Frage: ______________________________

Antwort: ______________________________

____

Rechnung:

2

a) 20,00 € − 4,63 € = ____ €

b) 10,00 € − 7,94 €

c) 50,00 € − 26,25 €

d) 40,00 € − 38,48 €

e) 60,00 € − 41,30 €

f) 80,00 € − 67,59 €

g) 70,00 € − 58,20 €

h) 20,00 € − 4,71 €

1,52 € 2,06 € 11,80 € 12,41 € 15,29 € 15,37 € 18,70 € 23,75 €

3 Schreibe als Kommazahlen und rechne die Minusaufgabe.

a)	b)	c)	d)	e)
18 € 50 ct	9 € 8 ct	62 € 4 ct	80 € 90 ct	53 € 44 ct
3 € 29 ct	6 € 95 ct	37 € 49 ct	12 € 65 ct	88 ct

18,50 €
− 3,29 €

4 Wie viel Geld bekommen die Kunden zurück?

a)

Schloss	17,90 €
Sattel	29,90 €
Rücklicht	4,80 €

b)

Buch	11,80 €
Stifte	4,95 €
Hefte	1,88 €

c)

Helm	15,00 €
Handschuhe	5,60 €
Flickzeug	2,98 €

d)

Füller	8,95 €
Spitzer	2,40 €
Radierer	0,50 €

a) 17,90 €

b)

c)

d)

6,42 € 8,15 € 31,37 € 47,40 €

zu Seite 86

1 Entschlüssle. Jede Ergebniszahl steht für einen Buchstaben.

235	238	245	258	265	274	275	278	284	295
A	T	D	I	L	S	E	M	H	C

420 – 175	164 + 71	921 – 647	118 + 140	792 – 518	582 – 344
87 + 178	528 – 253	854 – 596	169 + 126	786 – 502	903 – 665

Lösungssatz: ______________________

2 Welche Socken gehören zusammen? Male sie mit der gleichen Farbe aus.

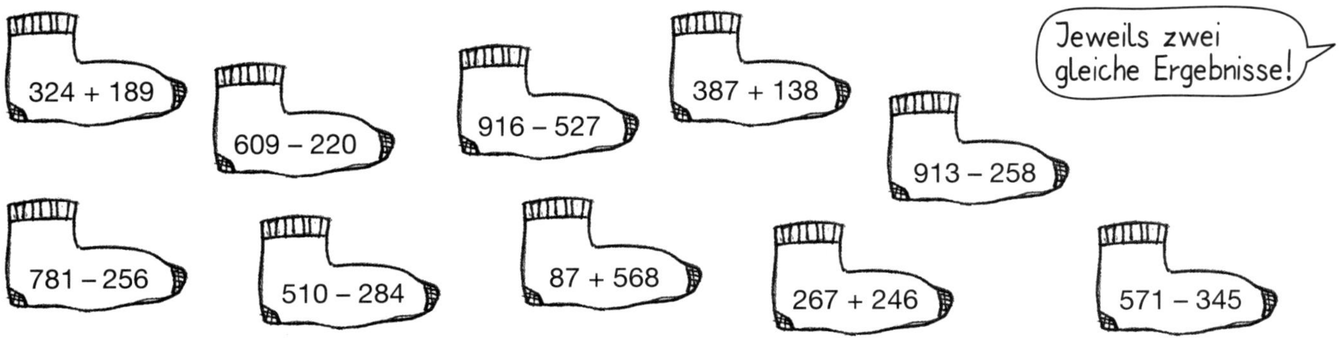

3 Ergänze die fehlenden Zahlen.

Rechne immer nach!

a)		b)		c)		d)		e)	
	4 5 1		_ 2 _		6 2 _		_ 7 0		5 0 4
–	2 0 6	–	5 5 5	–	2 _ 8	–	3 4 _	–	_ 2 _
	_ 4 5		2 6 8		3 7 5		1 _ 1		3 7 6

zu den Seiten 88 und 89

1 Runde zur näher gelegenen Zehnerzahl.

Zeichne Pfeile.

a)
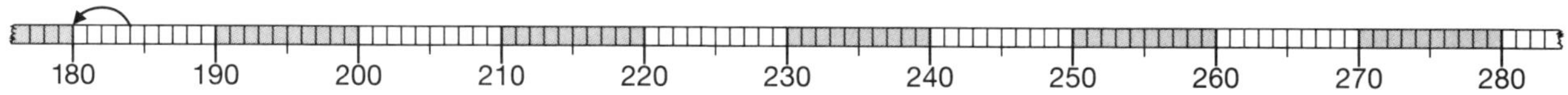

184 ist rund 180 | 205 ist rund ____ | 233 ist rund ____ | 266 ist rund ____

b)
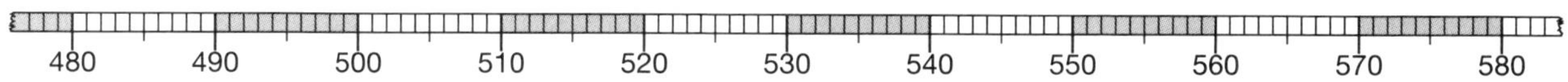

485 ist rund ____ | 504 ist rund ____ | 526 ist rund ____ | 557 ist rund ____ | 573 ist rund ____

2

Runde zur Zehnerzahl.

a)	b)	c)	d)
185 ist rund 190	213 ist rund ____	330 ist rund ____	442 ist rund ____
189 ist rund ____	215 ist rund ____	334 ist rund ____	449 ist rund ____
193 ist rund ____	284 ist rund ____	335 ist rund ____	458 ist rund ____
195 ist rund ____	204 ist rund ____	381 ist rund ____	707 ist rund ____
199 ist rund ____	248 ist rund ____	394 ist rund ____	769 ist rund ____

3 Runde zur näher gelegenen Hunderterzahl.

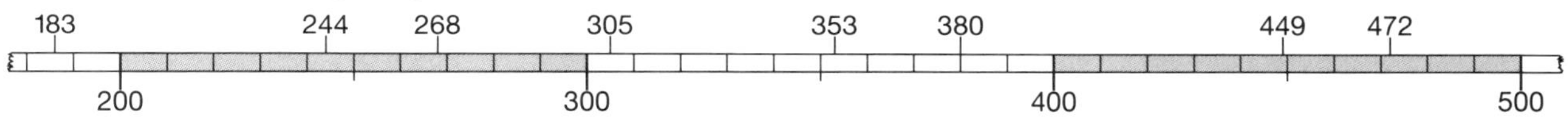

a)	b)	c)	d)
183 ist rund 200	268 ist rund ____	353 ist rund ____	449 ist rund ____
244 ist rund ____	305 ist rund ____	380 ist rund ____	472 ist rund ____

4

Runde auf Hunderter.

a)	b)
351 ist rund 400	350 ist rund ____
184 ist rund ____	349 ist rund ____
144 ist rund ____	750 ist rund ____
344 ist rund ____	748 ist rund ____

5 Runde auf volle Euro.

a)		b)	
2 € 45 ct	____ €	15,90 €	____ €
7 € 50 ct	____ €	20,49 €	____ €
9 € 99 ct	____ €	18,50 €	____ €

6 Runde. In welches Tor triffst du?

4 zu 6

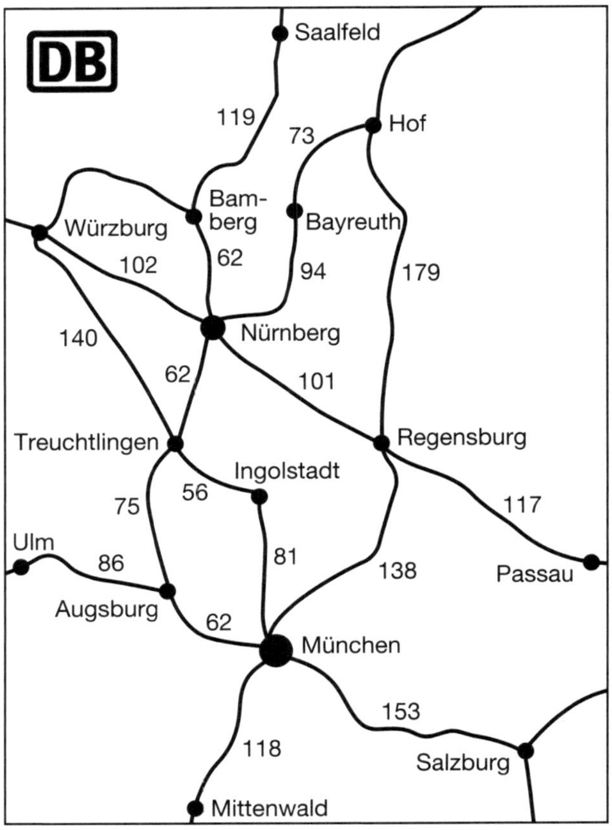

1 Überschlage.
Wie lang sind die Strecken ungefähr?

a) Von München nach Hof.

____

b) Von Regensburg nach Mittenwald.

____

c) Von Nürnberg nach Saalfeld.

____

d) Von Ingolstadt nach Salzburg.

____

e) Von Augsburg nach Bayreuth.

____

f) Von Passau nach Bamberg.

____

2 Wer kommt dem genauen Ergebnis am nächsten?

a) Strecke: Nürnberg – Hof

Frau Schmidt
überschlägt: 90 + 70 = ☐

Frau Braun
überschlägt: 90 + 80 = ☐

Genaues Ergebnis:

  94
+ 73

Antwort:

____

____

b) Strecke: Hof – Passau

Herr Maier
überschlägt: 180 + 120 = ☐

Herr Arndt
überschlägt: 180 + 110 = ☐

Genaues Ergebnis:

Antwort:

____

____

3 a) Von Bamberg bis Leipzig über Saalfeld sind es 258 km.
Wie weit ist es von Saalfeld bis Leipzig ungefähr?

Überschlagsrechnung: _______________

b) Von Nürnberg bis Frankfurt über Würzburg sind es 238 km.
Wie weit ist es von Würzburg bis Frankfurt ungefähr?

Überschlagsrechnung: _______________

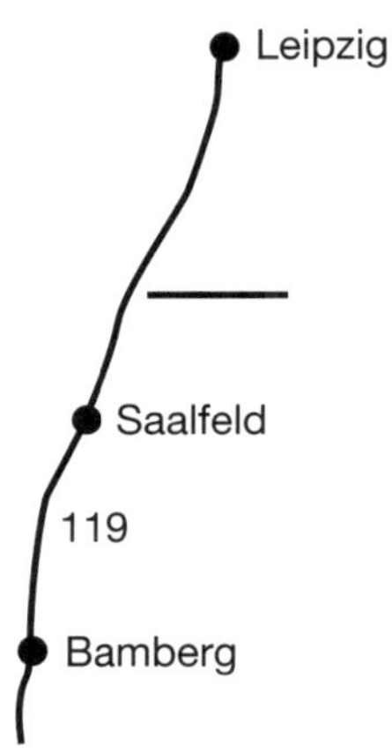

zu Seite 92

Berge in Bayern

Kreuzberg 930 m	Rhön
Poppberg 657 m	Fränkische Alb
Knetzberg 488 m	Steigerwald
Schillingsfürst 554 m	Frankenhöhe
Döbraberg 795 m	Frankenwald
Geierberg 585 m	Spessart

1 Ordne die Berge nach der Höhe.

2 Berechne immer den Höhenunterschied zwischen 2 Bergen.

a) Kreuzberg und

b) und

c) und

Rechnung:

Rechnung:

Rechnung:

3 Berechne die Unterschiede.

800	870	879	310	315	319	800	800	800	500	548
50										
950	950	950	590	590	590	150	190	198	1000	1000

4 Wie viel könnte man sparen?

a) 

873 € 918 €

b) 

148 € 127 €

c) 

219 € 198 €

d) 

156 € 108 €

5 Markiere alle Paare, bei denen der Unterschied größer als 50 € ist.

108,90 €	718,50 €	248,90 €	525,80 €	1000,00 €	699,90 €
176,00 €	699,90 €	302,10 €	449,90 €	989,50 €	1000,00 €

Fahrrad fahren – Sachaufgaben

1

Preis	434 €	395 €	715 €	869 €	919 €	766 €
bisher gespart	350 €	350 €	350 €	350 €	350 €	350 €
es fehlen noch	84 €					

45 € ~~84 €~~ 365 € 416 € 519 € 569 €

2

gegeben	500 €	160 €	1000 €	900 €	1000 €	870 €
Preis	434 €	152 €	715 €	869 €	919 €	766 €
Rückgeld						

8 € 31 € 66 € 81 € 104 € 285 €

3 Wo soll gekauft werden?

A Internet-Fahrrad-Markt	152,80 €	850,90 €	898,00 €	395,80 €	728,90 €	328,90 €
B Fahrrad-Discount	179,30 €	838,95 €	909,90 €	389,95 €		
günstigeres Angebot	A				A	B
Preisunterschied	26,50 €				15,45 €	11,95 €

4 Wie viel Kilometer ist Timo in jedem Monat gefahren? Wie viel insgesamt?

Trage in das Pfeilbild ein!

339 —(+ ___)→ 406 —(+ ___)→ ___ —(+ ___)→ ___

zu Seite 96

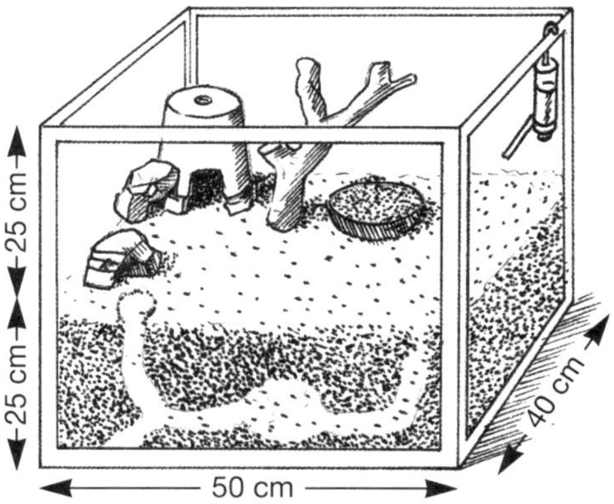

Zoo – Meier
Rennmäuse und Zubehör

Rennmauspärchen		20,50 €
Käfig	Größe 1	28,60 €
	Größe 2	47,20 €
	Größe 3	60,45 €

Zubehör:

Schale aus Metall	4,85 €
Haus aus Plastik	4,65 €
Trinkflasche	3,85 €
Streu (12 Liter)	–,70 €
Ess- oder Trinknapf	1,50 €
Futter, lose, 1 kg	2,65 €
Packung Heu	–,98 €

Zoohandlung am Markt
Alles für Rennmäuse

Rennmaus	9,45 €
Käfig Modell A	26,95 €
Modell B	43,95 €

Zubehör:

Schale aus Plastik	2,70 €
Trinkflasche	3,25 €
Streu (25 Liter)	1,65 €
Napf im Doppelpack	2,70 €
Futter, 500-g-Packung	2,65 €

1 **Rechnung Zoo-Meier**

1	Rennmauspärchen	20,50 €
1	Käfig Größe 2	
1	Trinkflasche	
1	Essnapf	
zusammen:		

2 **Rechnung Zoohandlung am Markt**

2	Rennmäuse	
1	Käfig Modell B	
1	Trinkflasche	
1	Napf im Doppelpack	
zusammen:		

3 Andreas will ein Pärchen Rennmäuse mit Käfig und Zubehör kaufen.
Seine Mutter sagt: „Mehr als 80 € sollten wir nicht ausgeben.“
Mache einen Vorschlag für Zoo-Meier und einen für die Zoohandlung am Markt.

Zoo-Meier

zusammen:		

Zoohandlung am Markt

zusammen:		

4 Andreas kauft bei Zoo-Meier 2 kg Futter und 2 Packungen Heu.
Er zahlt mit einem 10-€-Schein.
Wie viel bekommt er heraus?

1 Wie schwer?

a)

b)
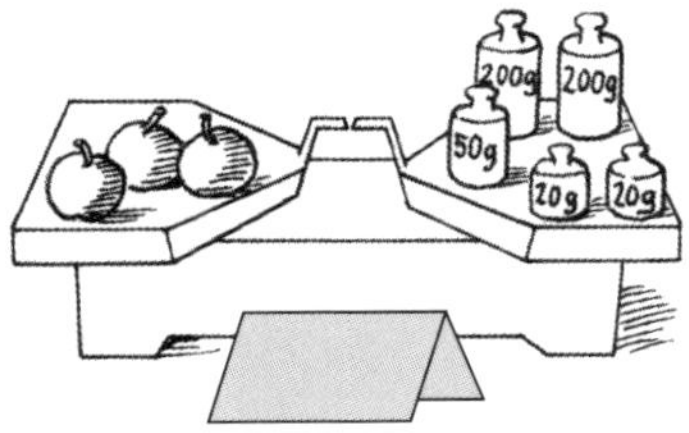

c)

d)
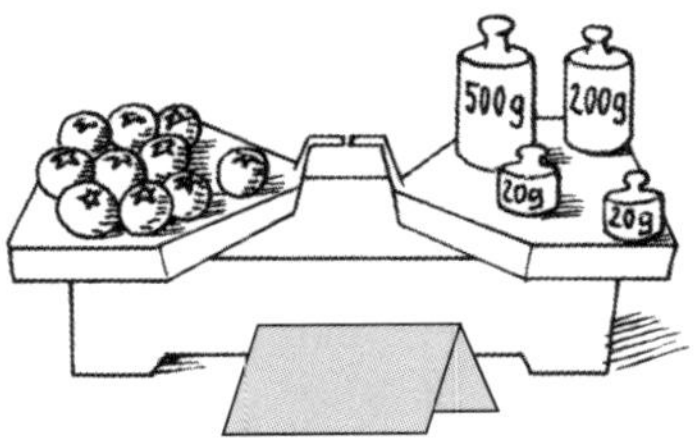

e)
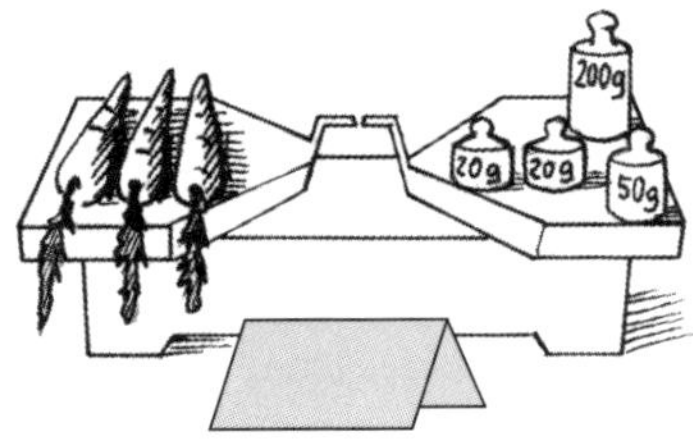

f)
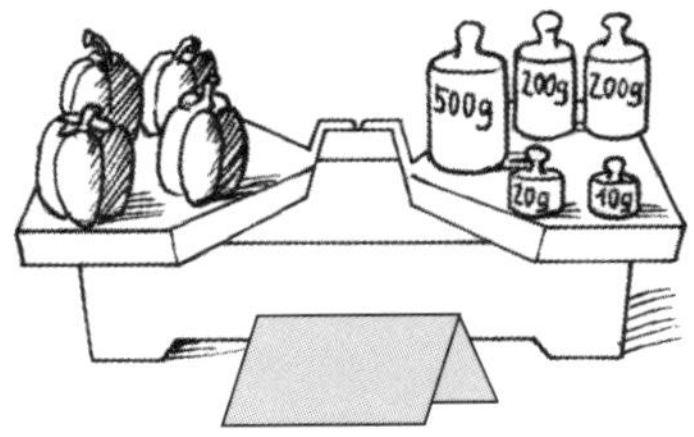

2 Wie schwer? Beachte die Gewichtssteine auf beiden Seiten.

a)
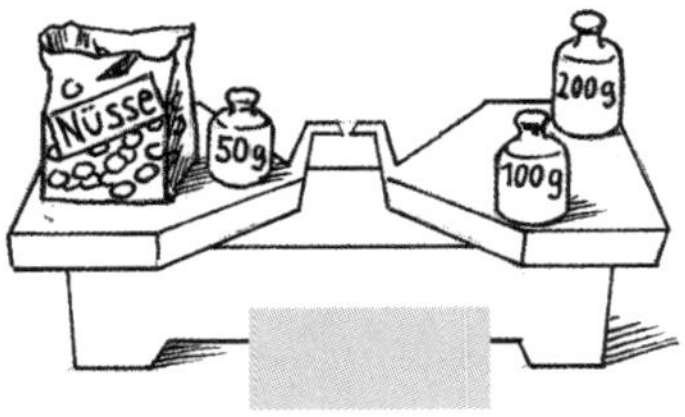

b)

c)
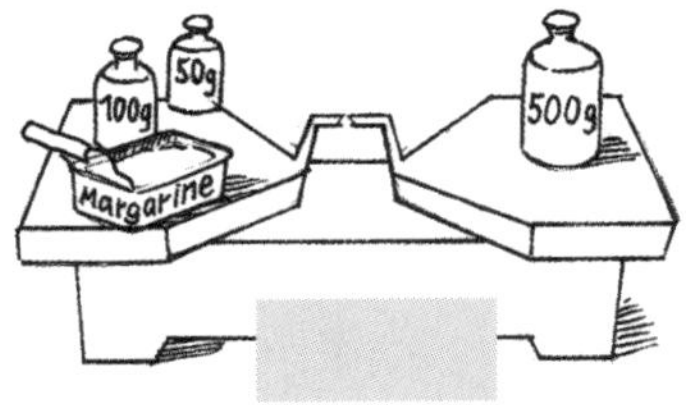

d)
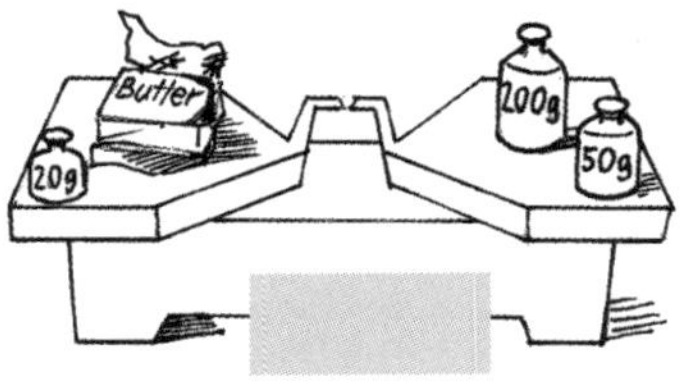

e)

f)
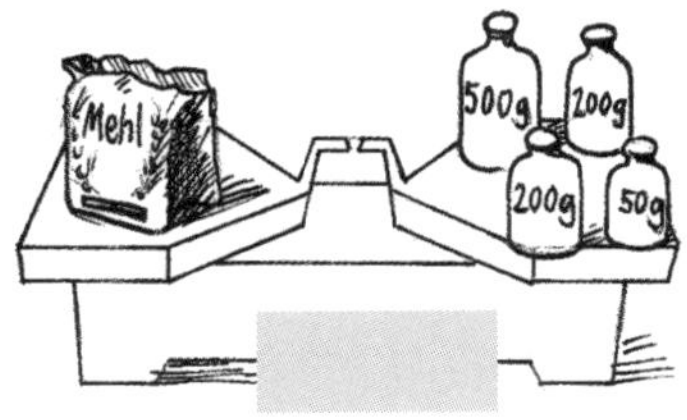

3 Welche Gewichte brauchst du? Kreuze an.

	Gewicht	500 g	200 g	100 g	100 g	50 g	20 g	10 g	10 g	5 g	2 g	2 g	1 g
Ananas	835 g												
Banane	182 g												
Gurke	466 g												
Kohlkopf	565 g												
Rettich	284 g												

4 Berechne das Gewicht. Ordne die Ergebnisse.

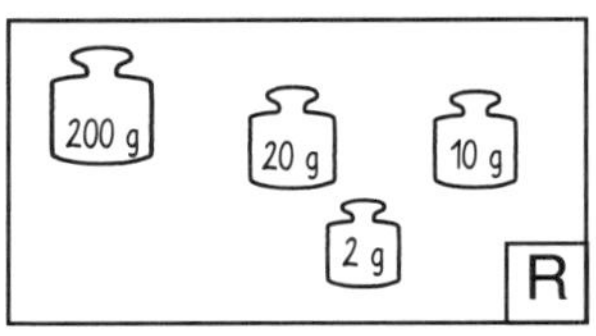

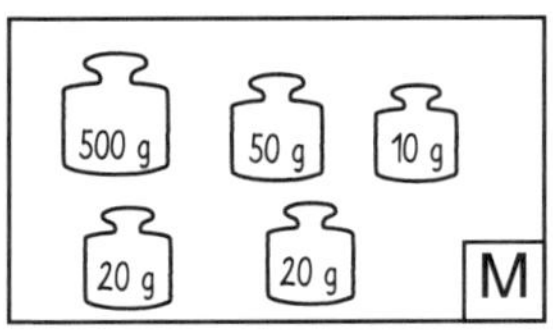

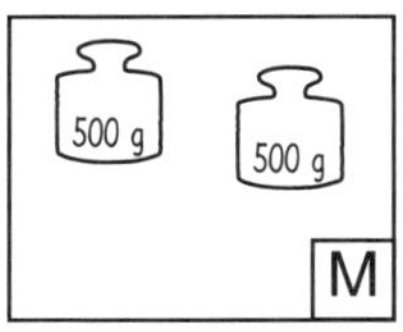

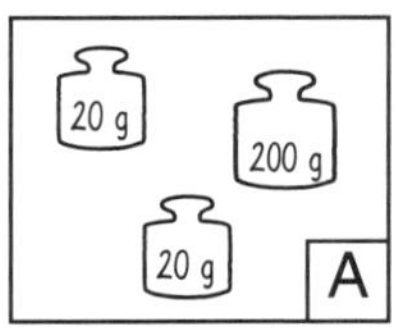

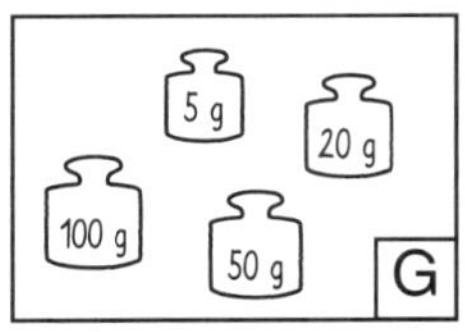

Lösungswort: | | | | | |

1

		max. Tragfähigkeit
	Schlauchboot	250 kg
	Tretboot	280 kg
	Elektroboot	320 kg
	Kahn	400 kg

a) In welchem Boot können alle mitfahren? Kreuze an.

Mama	55 kg
Papa	
Paul	
Ira	
Peter	
Oma	
Opa	
	kg

b) Wer darf in das Schlauchboot?

1. Möglichkeit:

2. Möglichkeit:

c) Wer darf in das Tretboot?

1. Möglichkeit:

2. Möglichkeit:

3. Möglichkeit:

2 Wie viel Gramm fehlen?

1 kg	900 g	950 g	956 g	856 g	420 g	100 g	75 g	5 g	990 g	989 g
	100 g									

3 Jeder Hund ist leichter als 20 kg.

kg

kg

kg

Mal mit Vielfachen von 10

zu Seite 102

1 a) 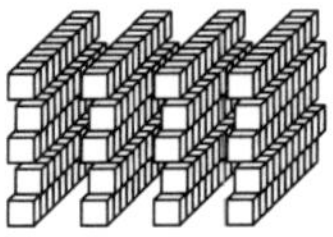 4 · ______ b) 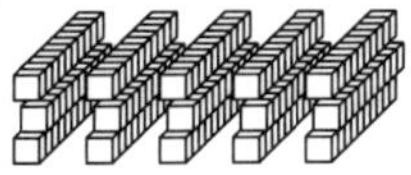 ______ c) 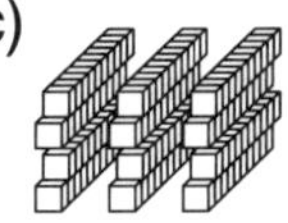 ______ d) 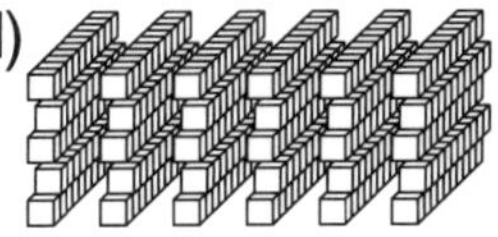 ______

2

a) 5 · 7 = ☐
5 · 70 = ☐

b) 3 · 9 = ☐
3 · 90 = ☐

c) 6 · 5 = ☐
6 · 50 = ☐

d) 6 · 7 = ☐
6 · 70 = ☐

e) 8 · 4 = ☐
8 · 40 = ☐

f) 5 · 8 = ☐
5 · 80 = ☐

g) 9 · 6 = ☐
9 · 60 = ☐

h) 7 · 8 = ☐
7 · 80 = ☐

3 a)

·	50	70	90	60
3				
5				
8				

b)

·	30	80	40	20
4				
9				
7				

c)

·	20	40		80
5			300	
		240		
				560

4

a) 7 · 80 + 40 = ☐
6 · 40 + 60 = ☐
8 · 60 + 20 = ☐

b) 3 · 90 + 40 = ☐
7 · 60 + 15 = ☐
5 · 40 + 25 = ☐

c) 5 · 60 – 30 = ☐
4 · 80 – 7 = ☐
6 · 90 – 50 = ☐

225 270 300 313 320 435 490 500 600

5 Setze die Zahlenfolgen fort.

Zeichne die Pfeile weiter.

a) 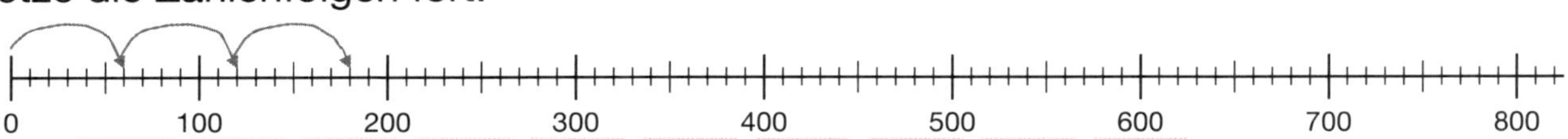

60 ☐ ☐ ☐ ☐ ☐ ☐ ☐ ☐ ☐

b) 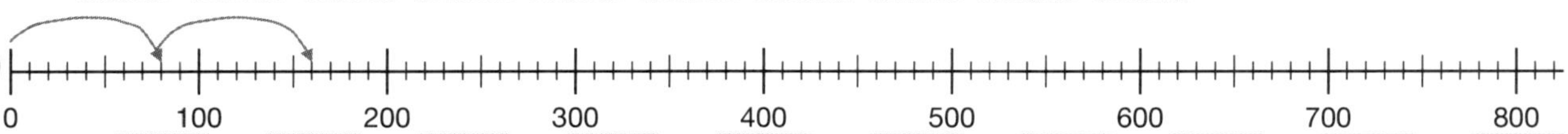

80 ☐ ☐ ☐ ☐ ☐ ☐ ☐ ☐ ☐

 **6** Verbinde die passenden Zahlen nach der Größe.

a) 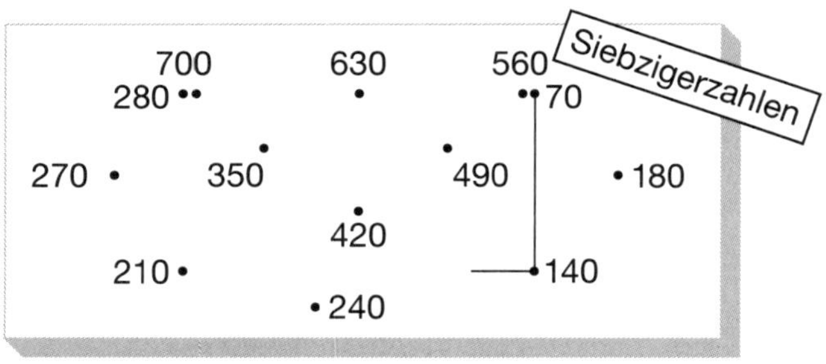

b) 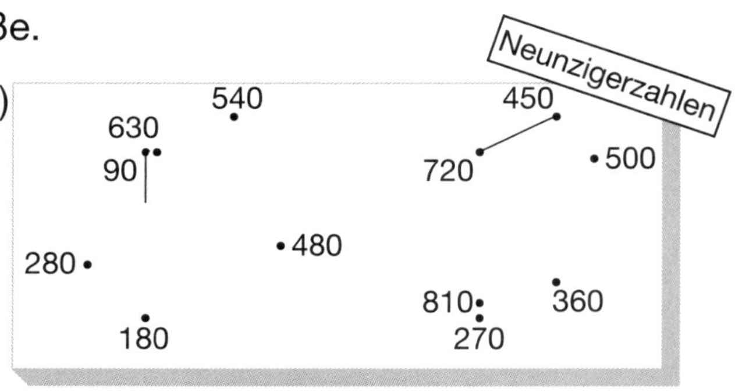

Mal und geteilt mit Zehnerzahlen

1 Rechne immer eine Geteiltaufgabe und die zugehörige Umkehraufgabe.

a) 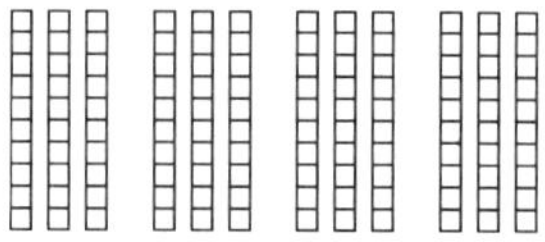

____

____

b) 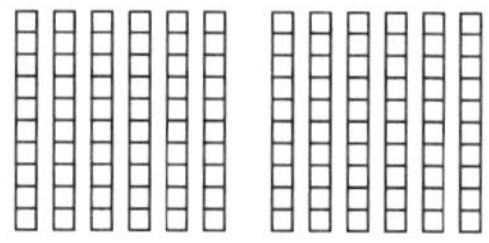

____

____

c) 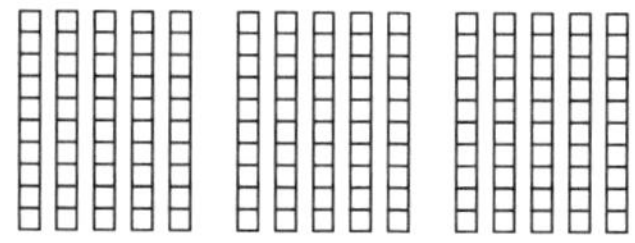

____

____

Schreibe die Umkehraufgabe dazu.

2

a)	b)	c)	d)
140 : 70 =	480 : 80 =	180 : 90 =	630 : 70 =
150 : 50 =	120 : 40 =	240 : 10 =	140 : 20 =
320 : 10 =	360 : 60 =	280 : 40 =	180 : 20 =
720 : 90 =	240 : 30 =	150 : 30 =	250 : 50 =
420 : 60 =	350 : 10 =	560 : 70 =	210 : 30 =
200 : 40 =	540 : 90 =	120 : 20 =	720 : 10 =

3 Verwende jede Zahl einmal.

a)

	:	=
~~120~~, 300, 270, 600, 320, 350	60, 70, 90, 50, ~~20~~, 80	4, 5, 3, 10, ~~6~~, 6

1	2	0	:	2	0	=		6	
			:			=			
			:			=			
			:			=			
			:			=			
			:			=			

b)

	:	=
810, 490, 400, 80, 240, 140	70, 20, 30, 80, 90, 40	7, 9, 8, 7, 1, 10

		:		=		
		:		=		
		:		=		
		:		=		
		:		=		
		:		=		

4

5 Male aus.

5 grün

6 gelb

7 rot

8 blau

9 braun

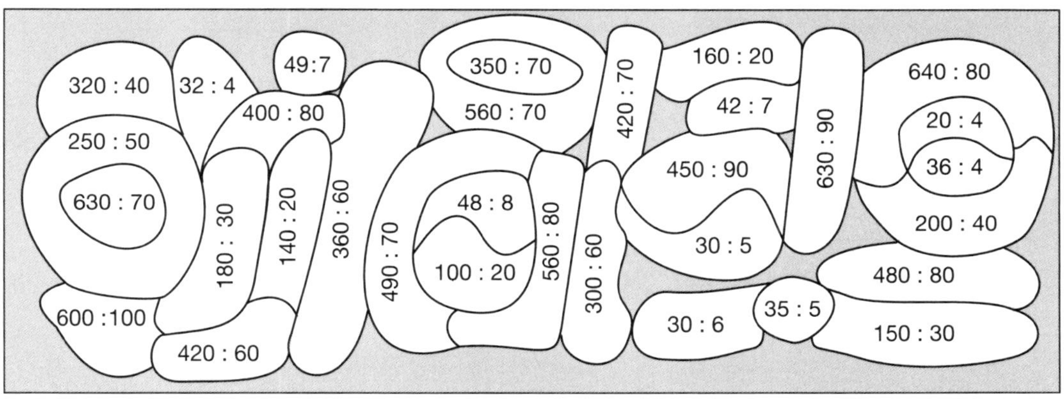

Mal und geteilt mit Zehnerzahlen – Ungleichungen

1

Neumann-Reisen hat Busse mit je 60 Plätzen.

Frage: ______________________

Rechnung: ______________________

Antwort: ______________________

2

a) 560

7 ·
70 ·
8 ·
80 ·

b) 420

6 ·
60 ·
7 ·
70 ·

c) 360

· 90
· 9
· 60
· 6

d) 480

· 80
· 8
· 60
· 6

e) 240

60 ·
8 ·
4 ·
30 ·

3 Findest du den Weg der Maus durch den Irrgarten?
Die nächste Aufgabe beginnt immer mit dem Ergebnis der vorhergehenden.

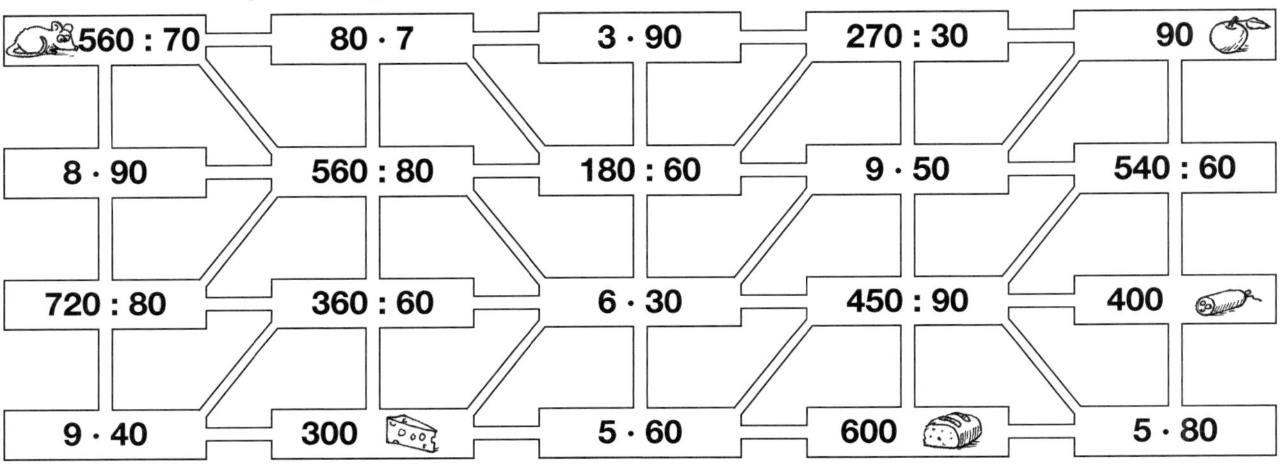

4 a) $\square \cdot 70 < 400$ b) $\square \cdot 90 < 500$ c) $\square \cdot 60 < 300$ d) $\square \cdot 80 < 350$

a)
0 · 70 < 400
1 · 70 < 400
2 ·

Schreibe alle Ungleichungen auf.

5 Schreibe alle Zahlen auf, die du einsetzen kannst.

a) $\square \cdot 30 < 200$ b) $\square \cdot 50 < 390$ c) $\square \cdot 70 < 310$ d) $\square \cdot 60 < 60$

a) Lösungen: 0, 1,
b) Lösungen:
c) Lösungen:
d) Lösungen:

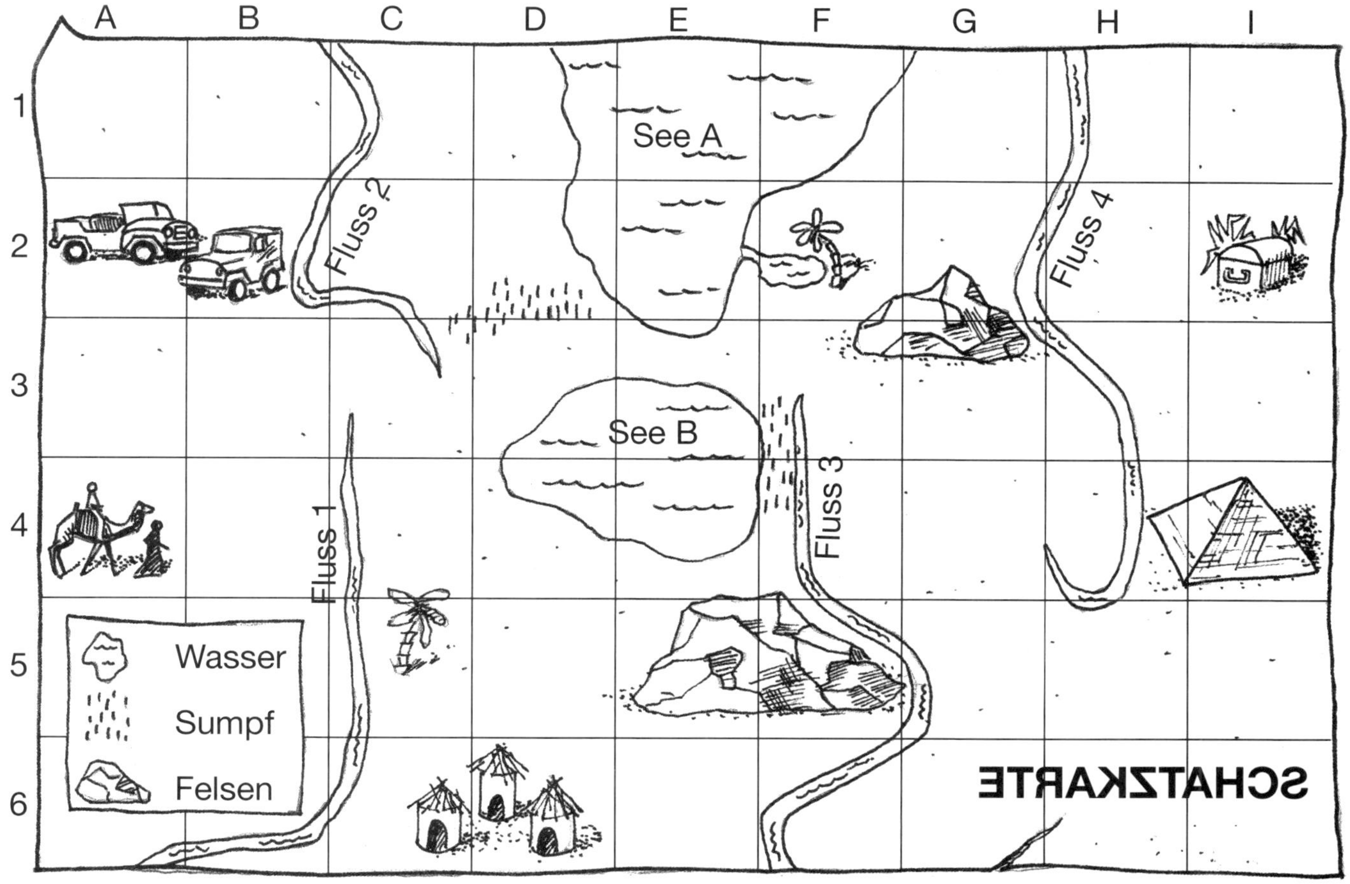

1 In welchem Feld findest du auf der Karte
a) die Schatzsucher? ________
b) den Schatz? ________
c) das Trinkwasser? ________

2 In welchem Feld findest du auf der Karte
a) die Pyramide? _____ und _____
b) die Hütten? _____ und _____
c) die alten Autos? _____ und _____

3 Zeichne den Weg, den die Schatzsucher gehen können. Schreibe ihn auf.
A4 – B3 – ________________________________

4 Male farbig aus:
B2, B3, B4, B5, B6, C2, C4, D2, D4, E2, E3, E4, E5, E6

G2, G3, G4, G5, G6, J2, I2, I4, H2, H4

L2, L3, L4, L5, L6, O2, N2, N4, M2, M4

Q2, Q3, Q4, Q5, Q6, R2, S2, T2, R4, S4, R6, S6, T6

❶ Zeichne mit einer roten Linie ein, wie du einen Spiegel auf die Figur oben setzen musst, damit die darunter abgebildete Figur entsteht.

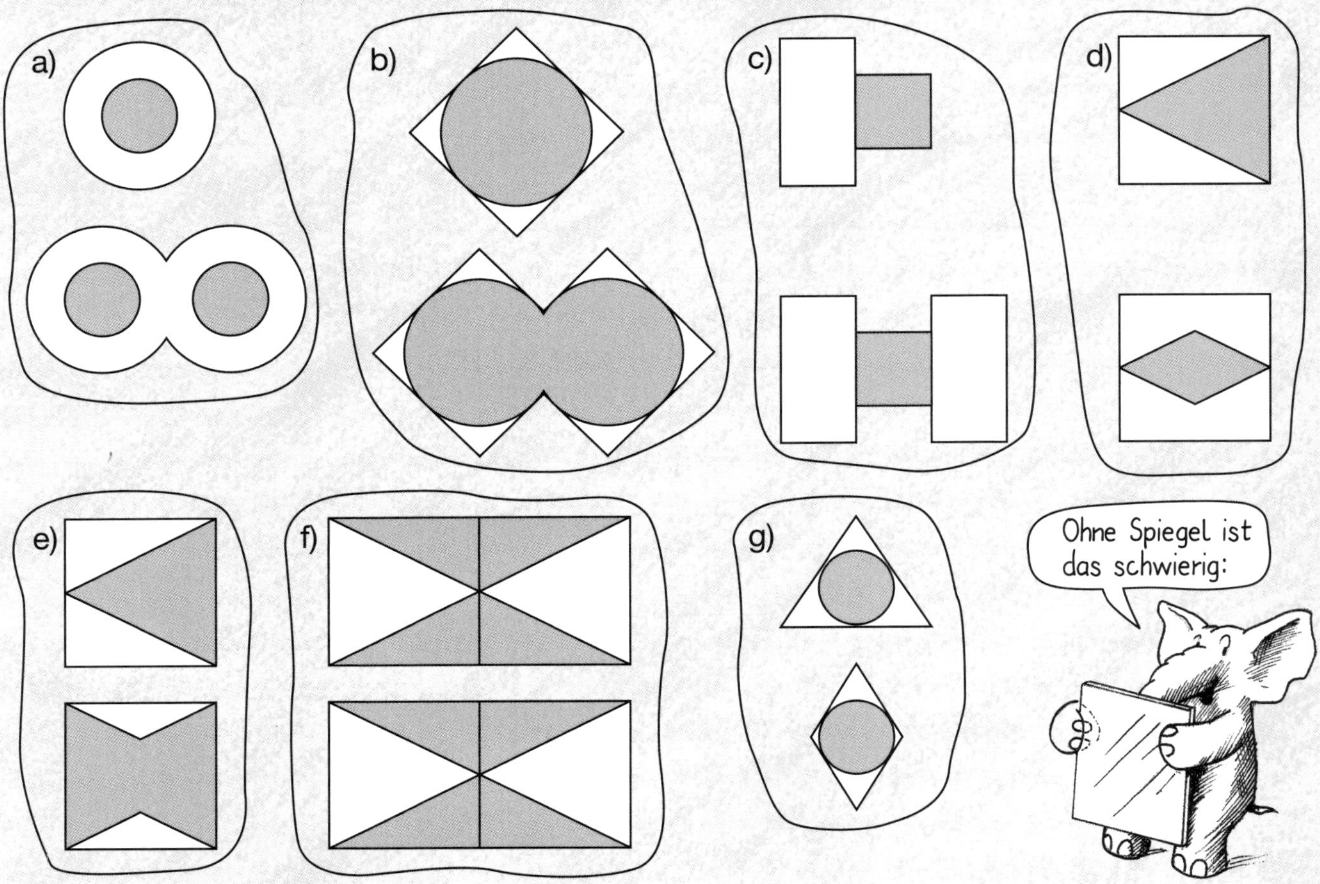

❷ Jede Figur besteht aus vier gleich großen Dreiecken.
Zeichne die Dreiecke ein und male sie mit verschiedenen Farben aus.

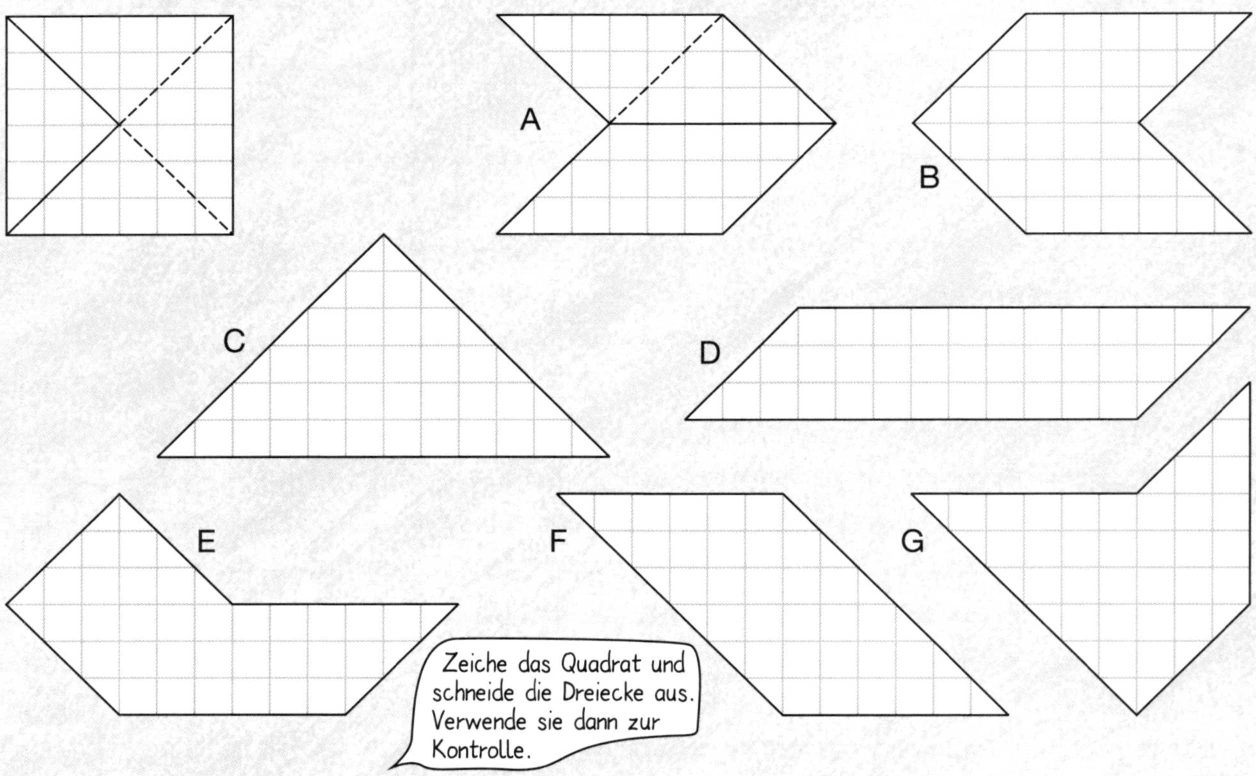

zu Seite 112

1 Was zeigt die Stoppuhr eine Sekunde später an?

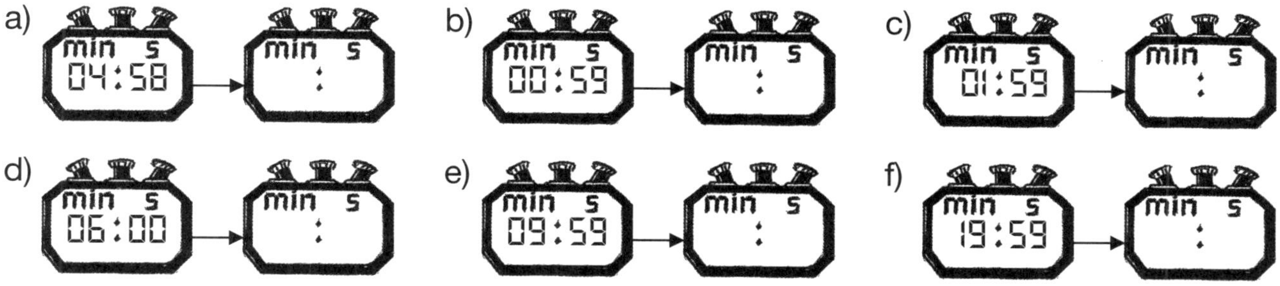

2 Was zeigte die Stoppuhr eine Sekunde vorher?

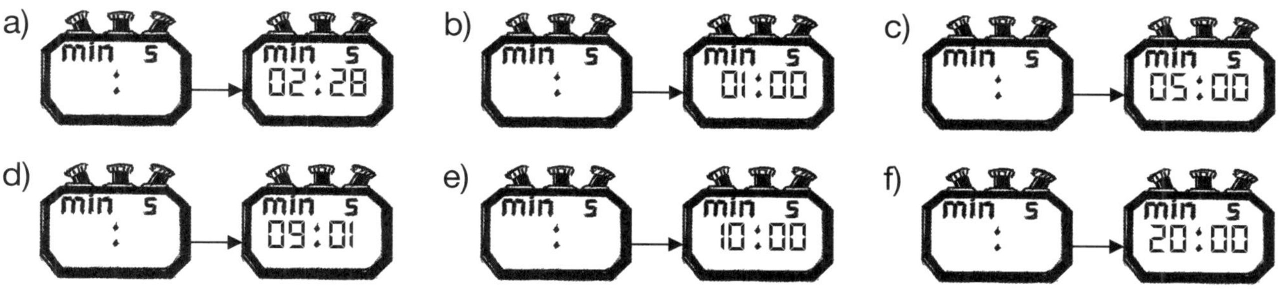

3 Wie viele Sekunden?

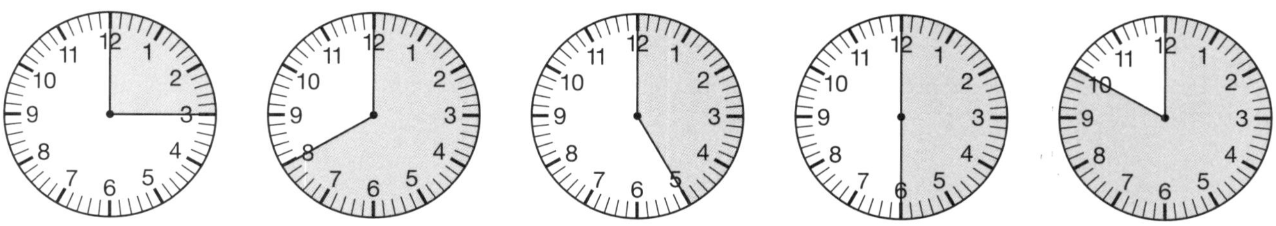

_______ s _______ s _______ s _______ s _______ s

4 Wo steht der Sekundenzeiger?

nach 45 s nach 15 s nach 22 s nach 10 s nach 60 s

5 Rechne um.

a)

1 min 35 s	2 min 5 s	4 min 20 s	3 min 12 s	5 min 40 s	2 min 19 s	4 min 51 s	1 min 29 s
95 s							

b)

87 s	99 s	125 s	59 s	200 s	144 s	182 s	66 s
1 min 27 s							

Zeitspannen – Stunden und Minuten

zu Seite 113

1 Wie viel Stunden und Minuten sind seit Mitternacht vergangen? Ordne zu.

Mitternacht

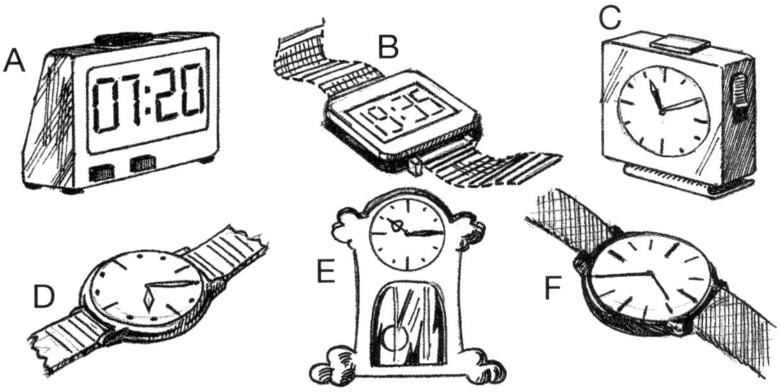

	19 h 35 min
A	7 h 20 min
	23 h 10 min
	4 h 5 min
	10 h 15 min
	6 h 55 min

2 Wie viel Zeit ist vergangen?

a) 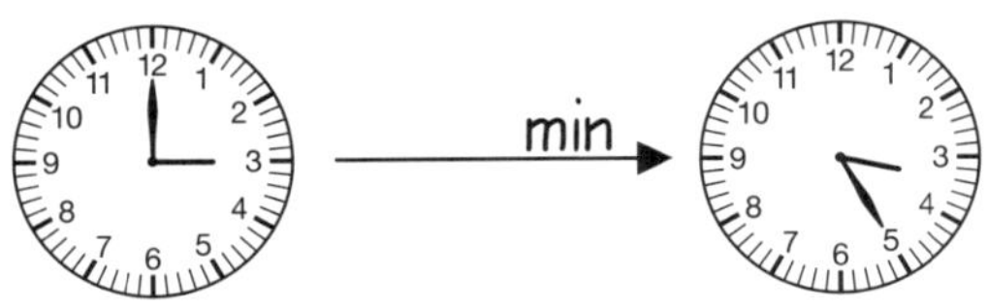
min
03:00 UHR ______ Uhr

b) 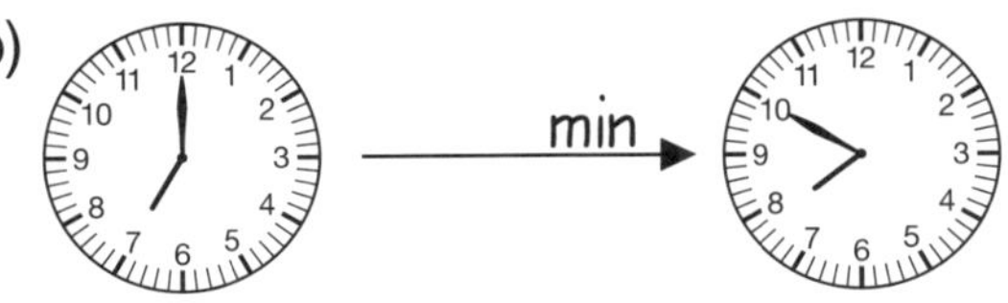
min
07:00 UHR ______ Uhr

c) 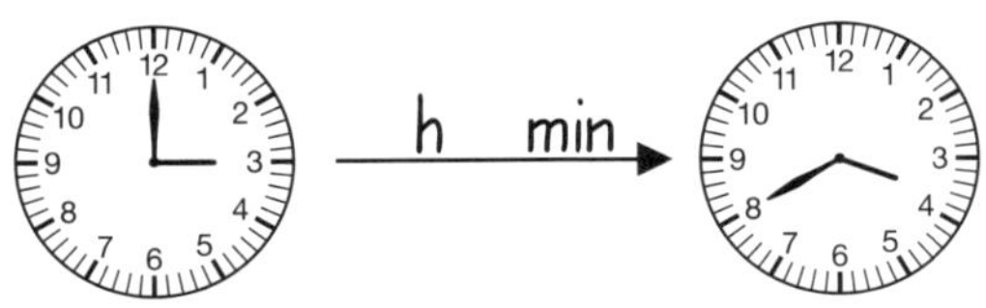
h min
15:00 UHR ______ Uhr

d) 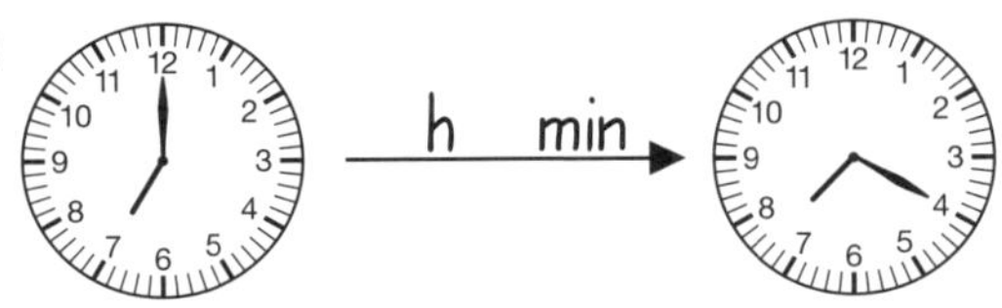
h min
19:00 UHR ______ Uhr

Hier musst du aufpassen!

e) 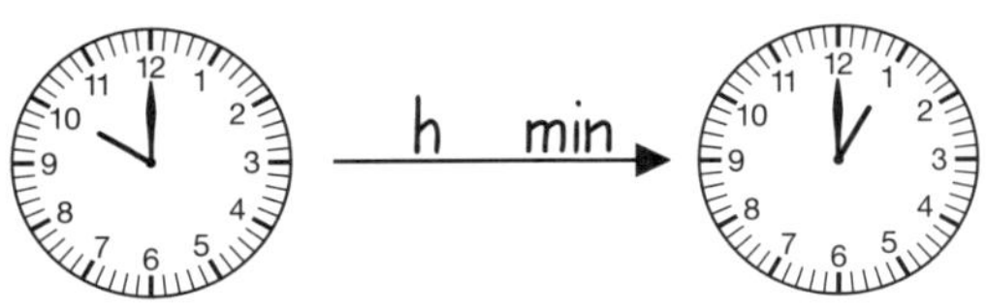
h min
10:00 UHR ______ Uhr

f) 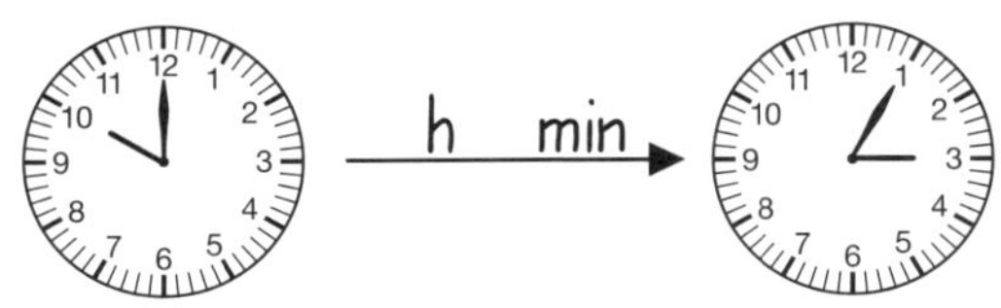
h min
22:00 UHR ______ Uhr

3 Zeichne die fehlenden Zeiger ein.

a) 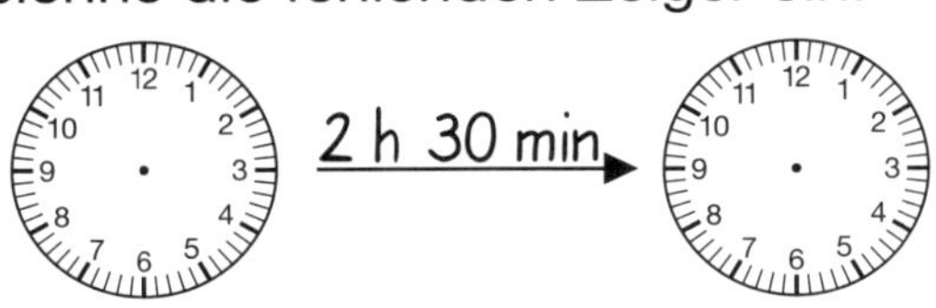
2 h 30 min
03:00 UHR ______ Uhr

b) 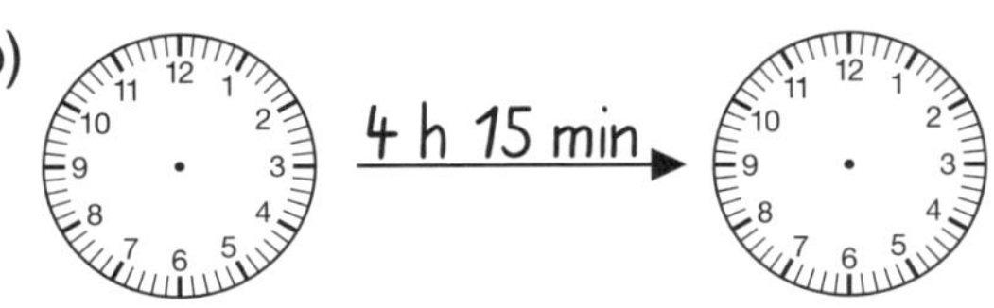
4 h 15 min
01:00 UHR ______ Uhr

c) 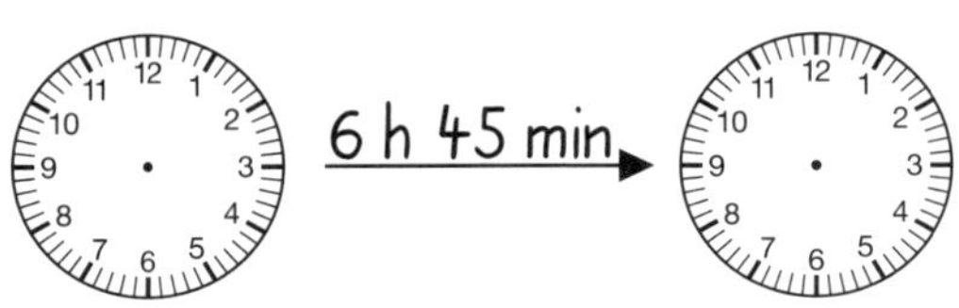
6 h 45 min
09:00 UHR ______ Uhr

d) 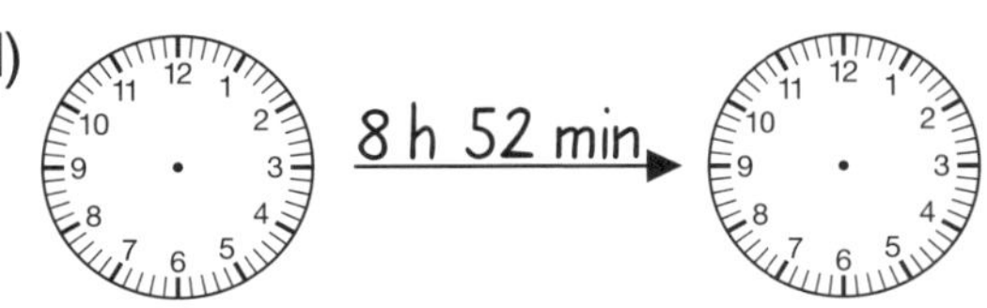
8 h 52 min
11:00 UHR ______ Uhr

Achtung! Es geht über Mittag!

 zu Seiten 113

1 Wie viele Stunden und Minuten sind jeweils vergangen?

a)
 5 h 8 min → 

18:00 Uhr ______ Uhr

b)
 ___ h ___ min → 

______ Uhr ______ Uhr

c)
 ___ h ___ min → 

______ Uhr ______ Uhr

d)
 ___ h ___ min → 

______ Uhr ______ Uhr

2 Trage ein.

								Insgesamt
a) 21:00 Uhr	3 h →	24:00 Uhr	____ →	07:00 Uhr	____ →	07:30 Uhr		10 h 30 min
b) 06:00 Uhr	____ →	12:00 Uhr	3 h →		15 min →			______
c) 22:00 Uhr	2 h →		____ →	10:00 Uhr	____ →	10:45 Uhr		______
d)	4 h →	12:00 Uhr	8 h →		____ →	20:50 Uhr		______

Zug-Fahrplan	
Passau	ab 08:23
Plattling	08:58
Straubing	09:22
Regensburg	09:52
Nürnberg	10:56
Würzburg	12:00
Hamburg	an 15:22

3 Wie lange dauert die Zugfahrt?

	Strecke	Abfahrt	Fahrzeit	Ankunft
	Passau – Plattling	08:23 Uhr	00 h 35 min	08:58 Uhr
a)	Plattling – Straubing			
b)	Passau – Straubing			
c)	Straubing – Regensburg			
d)	Nürnberg – Würzburg			
e)	Würzburg – Hamburg			
f)	Passau – Hamburg			

4 a)

Ankunft um ________ Uhr

in ____________________

b)

Abfahrt in ____________________

Ankunft in ____________________

1

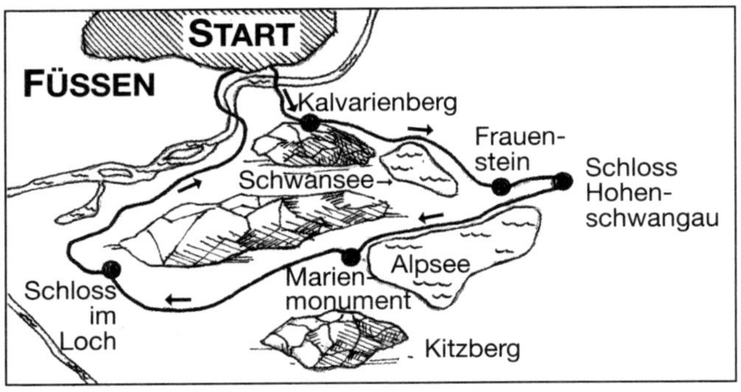

Wanderplan Füssen – Hohenschwangau – Alpsee – Schloss im Loch – Füssen

Strecke	Entfernung
Füssen – Hohenschwangau	4 km
Hohenschwangau – Marienmonument	3 km
Marienmonument – Schloss im Loch	3 km
Schloss im Loch – Füssen	4 km
zusammen	

2 Frau Müller und Herr Müller sind schon 7 km gewandert.
Wo sind sie?

____

Wie viele Kilometer müssen sie noch wandern?

14 km	
7 km	

3 Herr Huber macht die erste Pause nach 7 km, die zweite nach weiteren 4 km.
Wo ist er bei der zweiten Pause ungefähr?

____

Wie viele Kilometer muss er noch wandern?

4 Frau Weber und Frau Kurz wandern auch nach dem Wanderplan, machen aber einen Umweg von 5 km über den Kitzberg.
Wie weit ist ihre Wanderung?

5 Herr Sauer und seine Tochter Meike beginnen ihre Wanderung am Schloss Hohenschwangau.
Wo sind sie nach 6 km?

____

Wie weit müssen sie dann noch bis Füssen wandern?

____

Zeitplan für die Wanderung

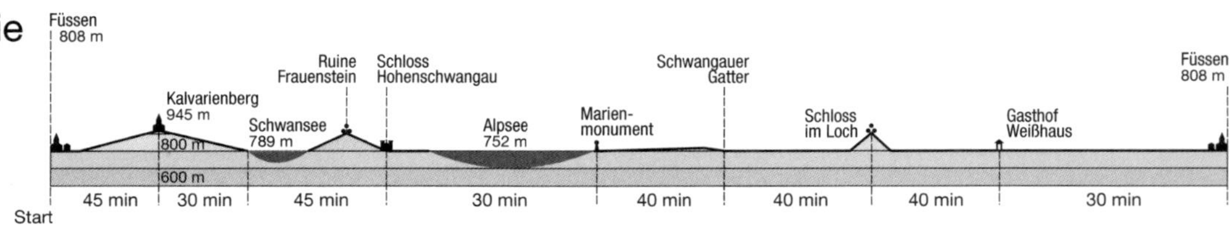

6 Familie Müller erstellt einen eigenen Zeitplan. Vervollständige den Plan.

Strecke	Start	Wanderzeit	Ankunft
Füssen – Hohenschwangau	08:30	2h	
Hohenschwangau – Marienmonument	11:00		
Marienmonument – Schloss im Loch	11:45		
Schloss im Loch – Füssen	13:30		

Wo hat Familie Müller Pausen eingeplant? ____________________

Wie lang sind die eingeplanten Pausen insgesamt? ____________________

 zu den Seiten 118 und 119

1 Bei der Bürgermeisterwahl in Mini-München wurde das erste Mal falsch gezählt.
Bei der zweiten Zählung ergaben sich bei Veronica 9 Stimmen mehr, bei Heiko 7 Stimmen weniger. Die Anzahl der Stimmen war gleich.
Wer wurde Bürgermeister? Kreuze an.

	1. Zählung	2. Zählung	Bürgermeister
Veronica	76		
Miriam	78		
Heiko	83		
zusammen			

2 Lohn in Mini-München

1 h Arbeit im Büro	3 MiMüs
30 min Mithilfe Küche	8 MiMüs
2 h Arbeit Werkstatt	4 MiMüs
30 min Putzdienst	8 MiMüs
2 h künstlerische Arbeit	5 MiMüs
1 h Tordienst	3 MiMüs

Lohnabrechnungen

Valentin – Donnerstag

Arbeit	Zeit	MiMü
Büro	4 h	
Werkstatt	2 h	
Putzdienst	30 min	
zusammen		

Emma – Freitag

Arbeit	Zeit	MiMü
Tordienst	2 h	
Küche	1 h	
künstlerisch	2 h	
zusammen		

Andreas – Montag

Arbeit	Zeit	MiMü
Werkstatt	4 h	
Tordienst	1 h	
Putzdienst	30 min	
zusammen		

3 Gasthaus zur Mini-Theke

Preise

Tagesessen	2 MiMüs
Mi-Burger	3 MiMüs
Mi-Frites	1 MiMüs
Mi-Limo	4 MiMüs
Mi-Saft	1 MiMüs

a) Elena isst an allen 12 Kinderstadt-Tagen das Tagesessen. Wie viele MiMüs muss sie verdienen?

b) Andreas isst an zwei Tagen Mi-Burger, einmal Mi-Frites und an den übrigen neun Tagen das Tagesessen. Wie viel muss er bezahlen?

c) Valentin und Emma essen im Gasthaus ein Tagesessen, 2 Mi-Burger und trinken 2 Mi-Saft. Wie viel müssen sie bezahlen?

d) Erika, Johannes und Heiko gehen zusammen ins Kinderstadt-Gasthaus. Sie haben zusammen 20 MiMüs. Was können sie bestellen?

e) Am Abend hat das Gasthaus für Tagesessen 320 MiMüs eingenommen. Wie viele Tagesessen wurden verkauft?

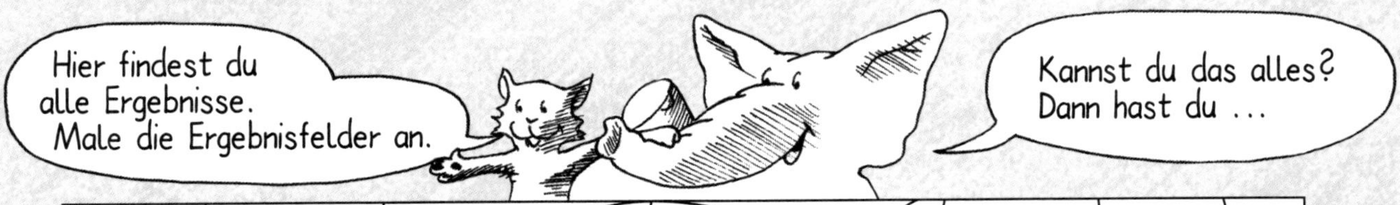

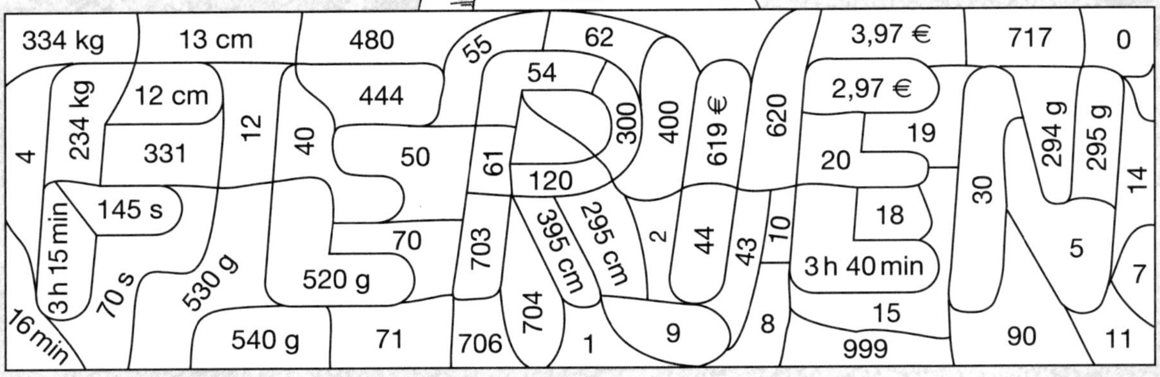

Wie lange dauert es von 14:00 Uhr bis 17:15 Uhr?

$$\begin{array}{r} 479 \\ +\ 224 \\ \hline \end{array}$$

Wie viele Würfel?

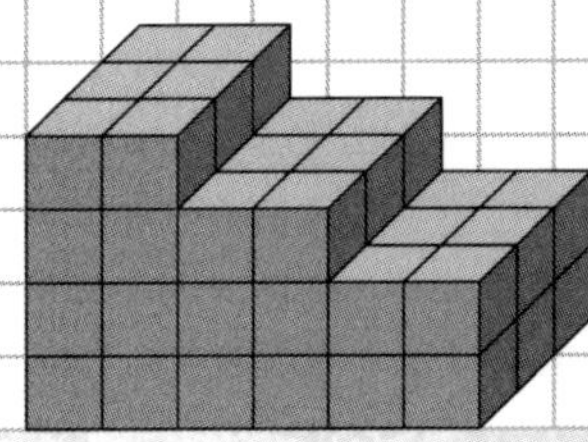

652 kg − 418 kg

6 · 20 =

40 · ___ = 200

2 min 25 s = ___ s

6 · 6 + 4 =

8 · 7 + 5 =

3,95 m = ___ cm

7,03 € + ___ = 10 €

339 € + 280 €

Wie lang ist die Strecke von A nach B?

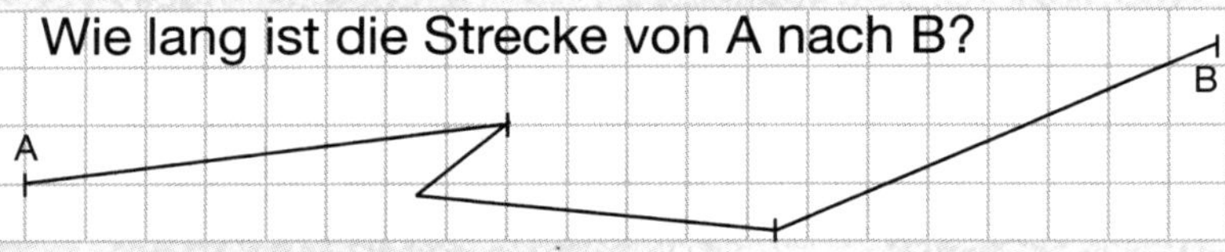

5 · 60 =

480 g + ___ = 1 kg

Wie viele Würfel?

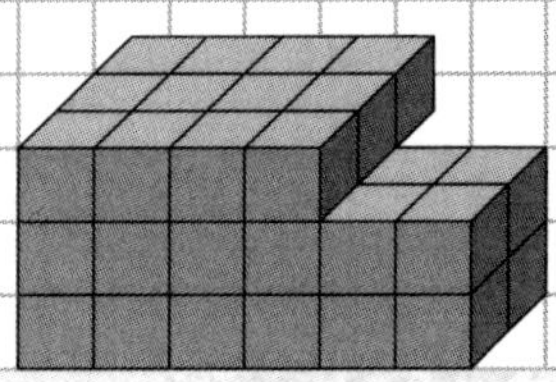

Wie lange: Von 14:50 Uhr bis 18:30 Uhr?

$$\begin{array}{r} 705 \\ -\ 261 \\ \hline \end{array}$$

140 : 7 =

___ + 705 g = 1 kg

10 · ___ = 300

Wiederholung

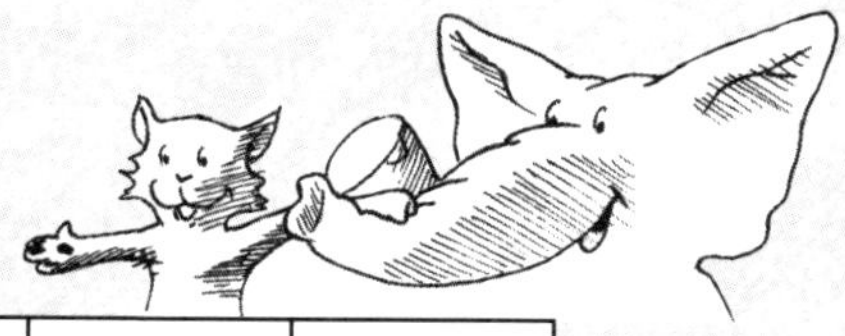

1 Trage die Lösungen ein.

a)

1 km	555 m	500 m	550 m	600 m	650 m	655 m	56 m	6 m
	445 m							

b)

5 m 3 cm	6 m 1 cm	3 m 3 cm				
503 cm			732 cm	207 cm		
5,03 m					0,06 m	0,01 m

c) Male hier alle Felder mit den Ergebnissen von a) und b) an.

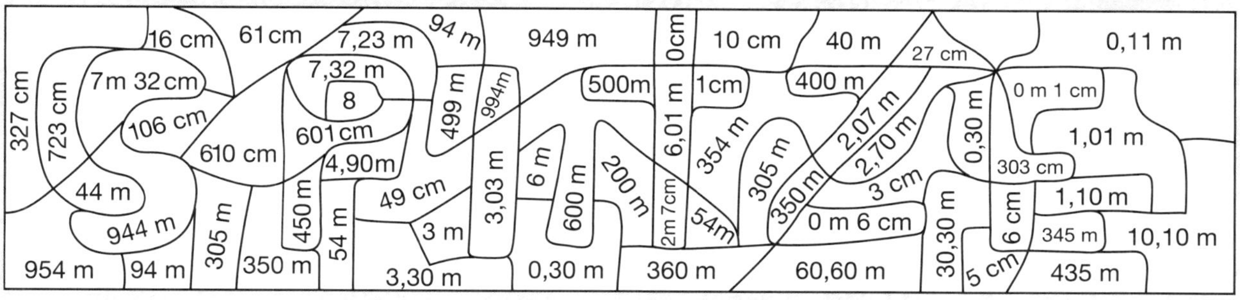

2 Ordne die Ergebnisse nach der Größe. Beginne mit der kleinsten Zahl.

I: 89 + 181

N: 396 − 273

C: 306 − 16

H: 176 + 124

T: 788 − 432

S: 930 − 522

F: 186 + 167 + 91

L: 278 + 222

C: 284 + 195 + 122

A: 900 − 442

H: 367 + 542

S: 501 + 99

N												

3 Male aus. 6 gelb 7 orange 5 braun 8 schwarz

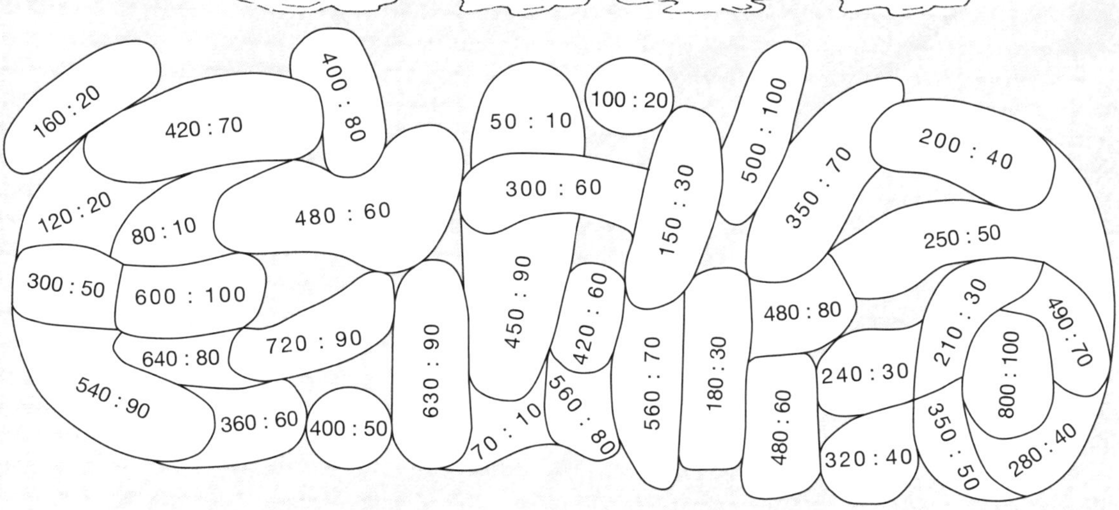

zu Seite 120

1 Welche Ziffern musst du für die Zeichen einsetzen?

Gleiches Zeichen, gleiche Ziffer.

a) 3 3 ★ + 5 ☺ 8 = ☾ 1 9 (3 3 _ + 5 _ 8 = _ 1 9)

b) 4 ☺ ☺ + △ 1 ☺ = 7 0 6 (4 _ _ + _ 1 _ = 7 0 6)

c) 1 4 ★ + 2 ◪ 5 = 3 4 ☾ (1 4 _ + 2 _ 5 = 3 4 _)

d) △ 4 + △ 1 4 + △ 5 △ = 4 9 ◪ (_ 4 + _ 1 4 + _ 5 _ = 4 9 _)

e) ★ ◪ + △ ★ △ + ★ ★ ★ = 3 3 3 (_ _ + _ _ _ + _ _ _ = 3 3 3)

f) ⬠ ⬠ ⬠ + 5 5 + 1 2 ☺ = 9 6 0 (_ _ _ + 5 5 + 1 2 _ = 9 6 0)

2 a) 2 ~~4~~ 6 8 ~~10~~ ~~12~~

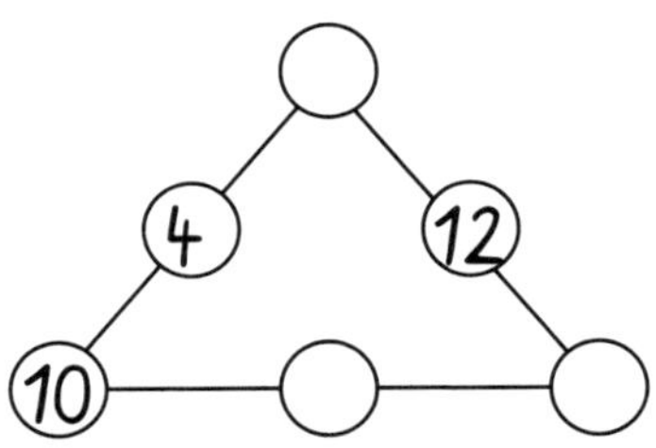

Auf jeder Seite ergibt sich 20.

b) 0 ~~1~~ 2 3 4 ~~5~~

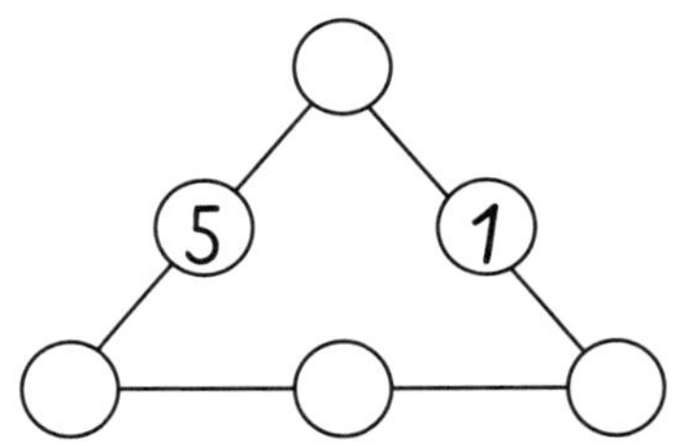

Auf jeder Seite ergibt sich 7.

c) 1 3 5 7 9 11

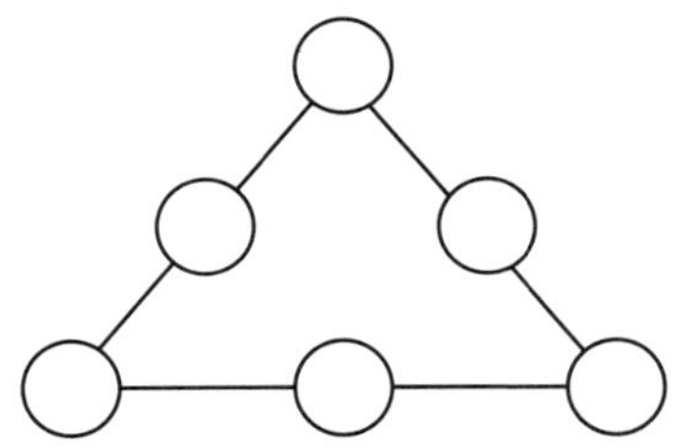

Auf jeder Seite ergibt sich 17.

3 Setze + und – so ein, dass die Rechnung stimmt.

a) 20 ● 20 ● 10 = 10
b) 40 ● 30 ● 50 = 20
c) 40 ● 4 ● 14 = 30
d) 4 ● 4 ● 40 = 40
e) 14 ● 4 ● 40 = 50
f) 44 ● 4 ● 40 = 80
g) 50 ● 40 ● 20 ● 30 = 80
h) 50 ● 40 ● 20 ● 20 = 50
i) 50 ● 15 ● 30 ● 5 = 90
j) 50 ● 15 ● 30 ● 5 = 60
k) 50 ● 15 ● 30 ● 5 = 40
l) 50 ● 15 ● 30 ● 5 = 10

4 Immer zwei Figuren ergeben ein Quadrat. Male sie mit der gleichen Farbe an.

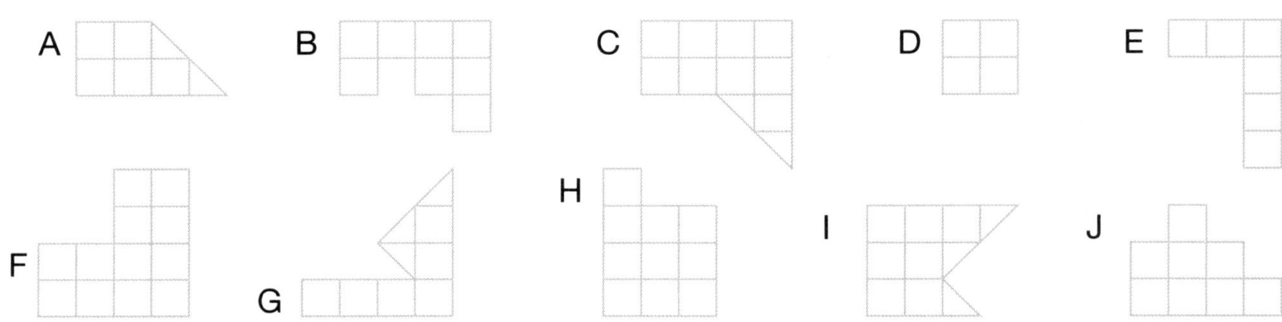